计算机辅助制造（UG NX 9.0）

◎ 主　编　邱　雪
◎ 副主编　黄立宏　余　梅

U0338588

北京理工大学出版社
BEIJING INSTITUTE OF TECHNOLOGY PRESS

内 容 简 介

本书将教学内容设计为 7 个项目，每个项目又分解为若干个任务，实例丰富，应用性强，具有很强的指导性和可操作性，有利于学习者打好坚实基础和提升设计技能。

本书既可以作为高等职业院校机电、数控、机械类专业的专业课教学用书，也可供从事机械设计及相关行业的人员学习和参考使用。

图书在版编目（CIP）数据

计算机辅助制造：UG NX 9.0/邱雪主编 . -- 北京：
北京理工大学出版社，2021.2
　　ISBN 978 - 7 - 5682 - 9568 - 0

Ⅰ.①计…　Ⅱ.①邱…　Ⅲ.①计算机辅助制造 - 高等
职业教育 - 教材　Ⅳ.①TP391.73

中国版本图书馆 CIP 数据核字（2021）第 028950 号

出版发行 / 北京理工大学出版社有限责任公司
社　　　址 / 北京市海淀区中关村南大街 5 号
邮　　　编 / 100081
电　　　话 / （010）68914775（总编室）
　　　　　　（010）82562903（教材售后服务热线）
　　　　　　（010）68948351（其他图书服务热线）
网　　　址 / http：//www.bitpress.com.cn
经　　　销 / 全国各地新华书店
印　　　刷 / 涿州市新华印刷有限公司
开　　　本 / 787 毫米 × 1092 毫米　1/16
印　　　张 / 19.75
字　　　数 / 461 千字
版　　　次 / 2021 年 2 月第 1 版　2021 年 2 月第 1 次印刷
定　　　价 / 79.00 元

责任编辑 / 王玲玲
文案编辑 / 王玲玲
责任校对 / 刘亚男
责任印制 / 李志强

前 言

Qianyan

UG NX 是面向制造业的高端软件，其集建模、工程图、运动仿真、数控加工和产品设计等功能于一体，可以帮助改善产品质量，缩短产品设计周期，提高产品更新速度和效率，并在一定程度上节约成本，在数字化机械设计和制造领域处于领先者的地位。

纵观高职高专类 UG NX 软件教材，基本分为两大类：一是三维建模和工程图，二是数控加工。本书综合了两大方面的知识点，除此之外，还增加了识读图纸模块，结合国内外机械图常见的表达方式进行剖析，为后面的读图建模及转换工程图打下坚实的基础。全书共分为 7 个项目：项目一为零件图识读，主要介绍轴类、盘类、叉架类、箱体类等常见典型零件的识读；项目二为初识 UG NX 9.0，主要介绍 UG NX 9.0 的功能特点、操作界面、文件管理基本操作、视图操作、对象选择操作、图层操作、视图布局设置、通用工具的应用等；项目三为二维草图绘制，主要介绍草图绘制工具的使用、如何应用约束快速地绘制草图；项目四为 UG NX 9.0 实体建模，主要包括了解 UG NX 9.0 的常用术语，掌握基准特征的创建，掌握基本体素特征、成形特征、扫描特征及特征操作与编辑；项目五为曲面造型，主要介绍曲面基础知识，包括曲面的基本概念及分类、曲面建模的基本思路（原则）和曲面工具、由点创建曲面、依据线创建曲面、根据曲面构建曲面；项目六为工程图绘制，主要介绍工程图首选项及图纸设置的基本常识、常用视图的生成方法及标注；项目七为 UG NX 9.0 CAM，主要包括平面、型腔、曲面轮廓、叶片等的铣削加工，以及常见的钻削加工与车削加工。

本书由邱雪担任主编，黄立宏、余梅担任副主编。在本书的编写过程中，得到了贵州工业职业技术学院的领导和老师的大力支持与帮助，在此深表感谢！

在本书编写过程中，博采众长，借鉴了近年来学者们的研究成果，限于篇幅，未能一一注明出处，现在此对所参考文献的作者一并感谢。同时，由于时间仓促，书中难免存在不妥之处，恳请读者提出宝贵意见。

编 者

Contents

目　录

目 录

目 录

Contents

Contents

目 录

项目一　零件图识读

【项目介绍】

任何机械或部件都是由若干零件按一定的装配关系和技术要求组装而成的。因此，零件是组成机器或部件的基本单位。常见的零件有4类：轴类零件、盘类零件、叉架类零件、箱体类零件。零件图是制造和检验零件的依据，是指导生产的重要技术文件。因此，能识读零件图是生产、制造的一项重要基本能力。本项目主要介绍常见四类零件的结构特点、常用表达方法、尺寸标注及识读方法等。

任务一　零件图概述

任务目标 >>

1. 了解零件图的内容和作用。
2. 认识零件图视图选择原则。
3. 能运用形体分析法和线面分析法识读零件图。

一、零件图的作用和内容

1. 零件图的作用

零件图是设计部门提交给生产部门的重要技术文件，它不仅反映了设计者的设计意图，而且表达了零件的各种技术要求，如尺寸精度、表面粗糙度等。工艺部门要根据零件图进行毛坯制造，工艺规程、工艺装备等设计，因此，零件图是制造和检验零件的重要依据。

2. 零件图的内容

图1-1是轴的零件图，从图中可知，一张完整的零件图应包括以下内容：

（1）一组视图

在零件图中，须用一组视图将零件各部分的结构形状正确、完整、清晰、合理地表达出来。应根据零件的结构特点选择适当的剖视、断面、局部放大图等表示法，用最简明的方案将零件的形状、结构表达出来。

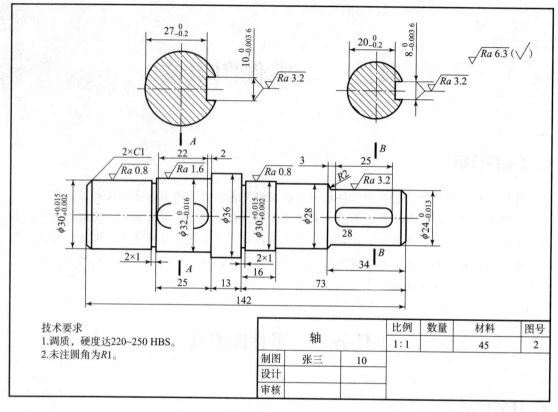

图 1-1 轴零件图

（2）一组尺寸

零件图上的尺寸不仅要标注得完整、清晰、正确，而且要合理，既能够满足设计意图，又适合加工制造和检验。

（3）技术要求

零件图上的技术要求包括表面粗糙度、尺寸极限与配合、表面形状公差和位置公差、表面处理、热处理、检验等要求。零件制造后，要满足这些要求才能算是合格产品。

（4）标题栏

对于标题栏的格式，国家标准 GB/T 10609.1—1989 已做了统一规定，使用中应尽量采用标准推荐的标题栏格式。零件图标题栏的内容一般包括零件名称、材料、数量、比例、图的编号以及设计、描图、绘图、审核人员的签名等。

二、零件图的视图选择

表达一个零件所选用的一组图形，应能完整、正确、清晰、简明地表达各部分的内外形状和结构，便于标注尺寸和技术要求，且画图方便。为此，在画图之前，要详细考虑主视图的选择和视图配置等问题。

1. 主视图的选择

主视图是零件图的核心，主视图的选择是否恰当直接影响到其他视图的位置和数量的选择，以及读图的方便和图幅的利用。所以，主视图选择一定要慎重。

选择主视图就是要确定零件的摆放位置和主视图的投射方向。因此，在选择主视图时，要考虑以下原则：

（1）以加工位置选取主视图

加工位置是零件在加工时在机床上的装夹位置。如轴套类零件加工的大部分工序是在车床或磨床上进行的，因此，不论工作位置如何，一般均将轴线水平放置画主视图，如图1－2所示，以便操作者在加工时图物直接对照。既便于看图，又可以减少差错。

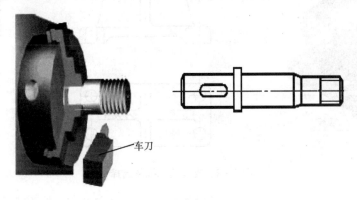

图1－2　轴加工位置

（2）以工作位置选取主视图

工作位置是指零件装配在机器或部件中工作时的位置。如图1－3所示的吊钩和图1－4所示的支座，其主视图就是根据它们的工作位置、安装位置并尽量多地反映其形状特征的原则选定的。主视图的位置和工作位置一致，能较容易地想象零件在机器或部件中的工作状况。

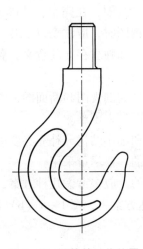

图1－3　吊钩的工作位置

（3）以形状特征最明显选取主视图

主视图要能将组成零件的各形体之间的相互位置和主要形体的形状、结构表达得最清楚。这主要取决于投射方向的选定，如图1-4所示的支座，以 A 向、B 向投射都反映它们的工作位置。但经过比较，B 向则将圆筒、支撑板的形状和4个组成部分的相对位置表现得更清楚，故以 B 向作为主视图的投射方向，利于看图。

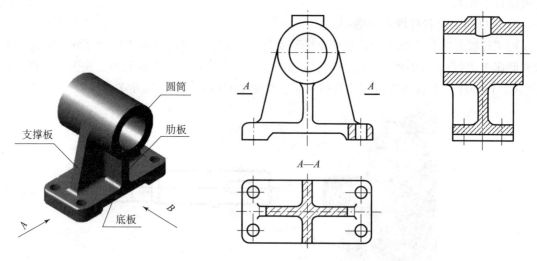

图1-4　支座的主视图选择

在选择主视图时，不一定工作位置和加工位置同时满足，要根据零件的结构特征、看图方便全面考虑。

2. 其他视图的选择

对于结构形状较复杂的零件，只画主视图不能完全反映其结构形状，必须选择其他视图，并选择合适的表达方法。

其他视图的选择原则是：配合主视图，在完整、清晰地表达出零件结构形状的前提下，视图数尽可能少。所以，配置其他视图时，应注意以下几个问题：

①每个视图都有明确的表达重点和独立存在的意义，各个视图互相配合、互相补充，表达内容尽量不重复。

②根据零件的内部结构选择恰当的剖视图和断面图，但不要使用过多的局部视图或局部剖视图，使得图面分散零乱，给读图带来困难。

③对尚未表达清楚的局部形状和细小结构，补充必要的局部视图和局部放大图。

④能采用省略、简化画法表达的，要尽量采用。

同一零件的表示方案不是唯一的，应多考虑几种方案，进行比较，然后确定一个较佳方案。图1-5所示轴承座的两个表达方案中，图1-5（b）的表达方案较为合理。

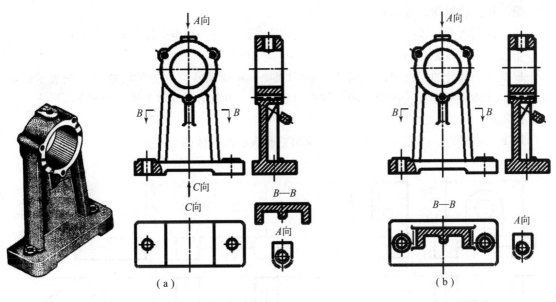

图 1 – 5　轴承座表达方案

三、读零件图的方法

1. 读图要求

一张零件图的内容是相当丰富的，不同工作岗位的人看图的目的也不同，通常读零件图的主要要求为：

①对零件有概括的了解，如名称、用途、材料和数量等。

②根据给出的视图，想象出零件的形状，以及它们之间的相对位置，进而明确零件在设备或部件中的作用及零件各部分的功能。

③通过阅读零件图的尺寸，对零件各部分的大小有一个概念，进一步分析出各方向尺寸的主要基准。

④明确制造零件的主要技术要求，如表面粗糙度、尺寸公差、形位公差、热处理及表面处理等要求，以便确定正确的加工方法。

2. 读零件图的方法

读零件图的方法没有一个固定不变的程序，对于较简单的零件图，也许泛泛地阅读就能想象出物体的形状及明确其精度要求。对于较复杂的零件，则需要通过深入分析，由整体到局部，再由局部到整体反复推敲，最后才能了解其结构和精度要求。

（1）形体分析法

根据零件的视图，从图上识别出各个基本形体，再确定它们的组合形式及相对位置，综合想象出整体形状。

形体分析法读图的步骤：

第一步，看视图，分线框。

从主视图入手，按照投影规律，几个视图联系起来看，把组合体人致分成几部分。

第二步，对投影，识形体。

根据每一部分的三视图，依据"三等"规律，从反映特征部分的线框（一般表示该部分形体）出发，分别在其他两视图上找出对应投影，想象出各基本形体的形状。

第三步，定位置，出整体。

例1 读如图1-6所示三视图，想象出它所表示的物体的形状。

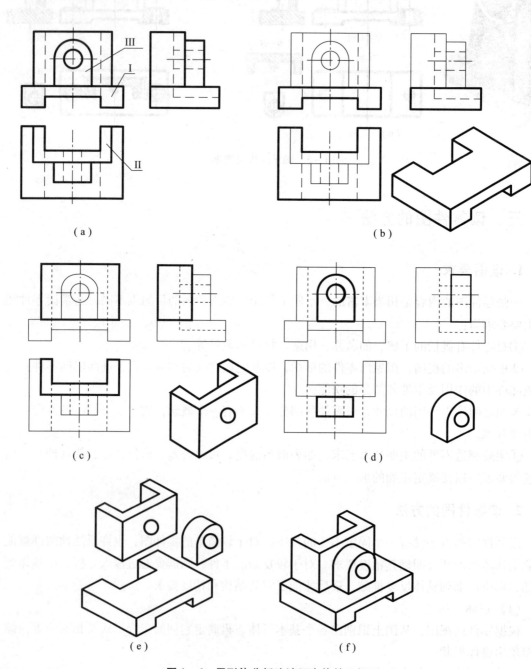

图1-6 用形体分析法读组合体的三视图

读图步骤：

①分离出特征明显的线框。

三个视图都可以看作是由三个线框组成的，因此，可大致将该物体分为三个部分。其中主视图中Ⅰ、Ⅲ两个线框特征明显，俯视图中线框Ⅱ的特征明显。如图1-6（a）所示。

②逐个想象各形体形状。

根据投影规律，依次找出Ⅰ、Ⅱ、Ⅲ三个线框在其他两个视图中的对应投影，并想象出它们的形状。如图1-6（b）~图1-6（d）所示。

③综合想象整体形状。

确定各形体的相互位置，初步想象物体的整体形状，如图1-6（e）所示。然后把想象的组合体与三视图进行对照、检查，如根据主视图中的圆线框及它在其他两视图中的投影想象出通孔的形状，最后想象出的物体形状，如图1-6（f）所示。

（2）线面分析法

对较复杂的组合体，除用形体分析法分析整体外，往往还要对一些局部采用线面分析的方法。所谓线面分析法，就是把组合体看成是由若干个平面或平面与曲面围成，面与面之间常存在交线，然后利用线面的投影特征，确定其表面的形状和相对位置，从而想象出组合体的整体形状。

在三视图中，面的投影特征是：凡"一框对两线"，则表示投影面平行面；凡"一线对两框"，则表示投影面垂直面；凡"三框相对应"，则表示一般位置面平面。要善于利用线面投影的真实性、积聚性和类似性。读图时，应遵循"形体分析为主，线面分析为辅"的原则。

线面分析法读图的步骤：

第一步，形体分析。

第二步，分线框，识面形。

在一个视图上划分线框，然后利用投影规律，找出每一线框在另外两个视图中对应的线框或图线，从而分析出每一线框所表示的面的空间形状和相对位置。

第三步，空间平面组合，想出整体形状。

例2 读如图1-7（a）所示三视图，想象出它所表示的物体的形状。

读图步骤：

①初步判断主体形状。

物体被多个平面切割，但从三个视图的最大线框来看，基本都是矩形，据此可判断该物体的主体应是长方体。

②确定切割面的形状和位置。

图1-7（b）是分析图，从左视图中可明显看出该物体有a、b两个缺口，其中缺口a是由两个相交的侧垂面切割而成的，缺口b是由一个正平面和一个水平面切割而成的。还可以看出主视图中线框1′、俯视图中线框1和左视图中线框1″有投影对应关系，据此可分析出它们是一个一般位置平面的投影。主视图中线段2′、俯视图中线框2和左视图中线段2″有投影对应关系，可分析出它们是一个水平面的投影，并且可看出Ⅰ、Ⅱ两个平面相交。

③逐个想象各切割处的形状。

可以暂时忽略次要形状，先看主要形状。比如看图时可先将两个缺口在三个视图中的投影忽略，如图1-7（c）所示。此时物体可认为是由一个长方体被Ⅰ、Ⅱ两个平面切割而成的，可想象出此时物体的形状，如图 1-7（c）的立体图所示。然后再依次想象缺口 *a*、*b* 处的形状，分别如图 1-7（d）和图 1-7（e）所示。

④想象整体形状。

综合归纳各截切面的形状和空间位置，想象物体的整体形状，如图 1-7（f）所示。

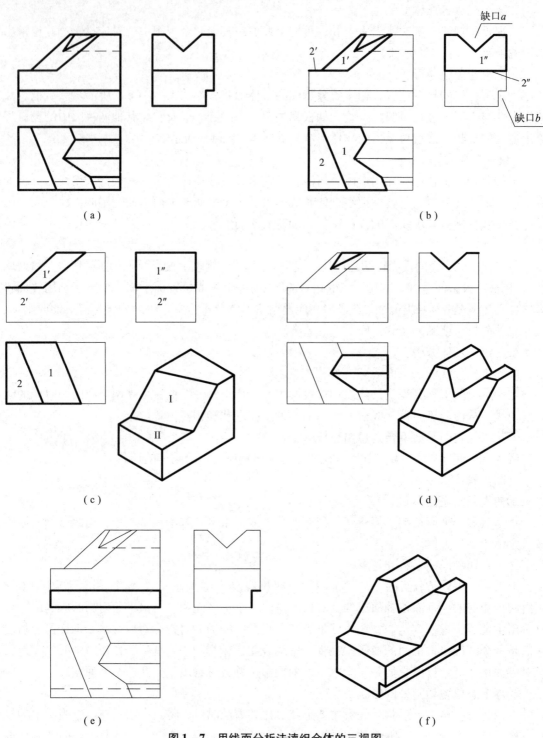

图 1-7　用线面分析法读组合体的三视图

以上两例可以看出，在读图时，对于叠加类组合体，用形体分析法较为有效；而对于切割类组合体，用线面分析法较为有效。

3. 读零件图的步骤

第一步，概括了解。

读一张图，首先从标题栏入手，标题栏内列出了零件的名称、材料、比例等信息，从标题栏可以得到一些有关零件的概括信息。如零件属什么类型、大致轮廓和结构等。

第二步，分析视图，想象零件的结构形状。

学习读机械图时，分析视图、想象零件的结构形状是最关键的一步。看图时，仍采用组合体的看图方法，对零件进行形体分析、线面分析。首先利用形体分析法，将零件按功能分解为主体、安装、连接等几个部分，然后明确每一部分在各个视图中的投影范围与各部分之间的相对位置，最后仔细分析每一部分的形状和作用。由组成零件的基本形体入手，由大到小，从整体到局部，逐步想象出物体的结构形状。对于剖视图、断面图，要找到剖切位置及方向，对于局部视图和局部放大图，要找到投影方向和部位，弄清楚各个图形彼此间的投影关系。

第三步，看尺寸，分析尺寸基准。

分析零件图上尺寸的目的，是识别和判断哪些尺寸是主要尺寸，了解各方向的主要尺寸基准，明确零件各组成部分的定形、定位尺寸。明确主要尺寸和主要加工面，进而分析制造方法等，以便保证质量要求。

第四步，看技术要求。

零件图上的技术要求主要指几何精度方面的要求，如表面粗糙度、尺寸公差、零件的几何公差、材料的热处理和表面处理，以及对指定加工方法和检验的说明等。

任务二　轴类零件识读

📌 任务目标 >>

1. 了解轴类零件常见结构。
2. 认识轴类零件图视图选择原则。
3. 能识读轴类零件图。

一、轴类零件结构特点

这类零件一般有轴、衬套等。轴的主体多数由几段直径不同的圆柱、圆锥体所组成，构成阶梯状。轴类零件的轴向尺寸远大于其径向尺寸。轴上常加工有键槽、螺纹、挡圈槽、退刀槽、倒角、中心孔等结构，如图 1-8 所示。

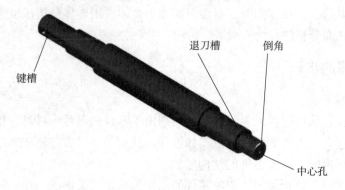

图 1-8　轴的结构

　　轴上装有齿轮、带轮等，可以传递动力，利用键来连接，因此轴上有键槽；在轴端有倒角，是为了便于轴上各零件的安装；轴的中心孔是供加工时装夹和定位用的。这些局部结构主要是为了满足设计要求和工艺要求。

二、轴类零件常用表达方法

　　在视图表达时，只要画出一个基本视图，再加上适当的断面图和尺寸标注，就可以把它的主要形状特征及局部结构表达出来。轴套类零件多在车床和磨床上加工。如图 1-9 所示，

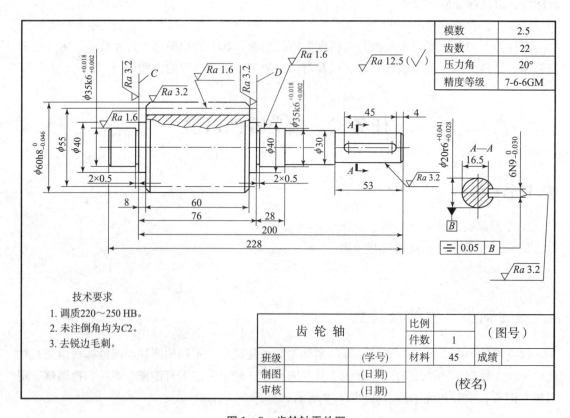

图 1-9　齿轮轴零件图

为了便于加工时看图，轴套类零件的主视图按其加工位置选择，一般将轴线水平放置。在标注轴套类零件的尺寸时，常以它的轴线作为径向尺寸基准，由此注出图中所示的 $\phi40$、$\phi30$、$\phi20$（见 $A—A$ 断面）等，这样就可以清楚地反映出阶梯轴的各段形状、相对位置及轴上各种局部结构的轴向位置。轴上的局部结构，一般采用断面图、局部剖视图、局部放大图、局部视图来表达。

三、轴类零件尺寸标注

轴套类零件有径向尺寸和轴向尺寸。径向尺寸的尺寸基准为回转轴线，轴向尺寸的尺寸基准一般选取重要的定位面（即轴肩，如 $\phi40$ 处的轴承定位面）或端面。尽可能使设计基准与工艺基准一致，以减少两个基准不重合而引起的尺寸误差。当设计基准与工艺基准不一致时，应以保证设计要求为主，将重要尺寸从设计基准注出，次要基准从工艺基准注出，以便加工和测量。

四、轴类零件技术要求

①有配合要求或有相对运动的轴段，其表面粗糙度、尺寸公差和形位公差比其他轴段要求严格。图 1−9 所示的两段 $\phi35k6^{+0.018}_{+0.002}$ 轴段的各项技术要求都是比较高的。

②为了提高强度和韧性，往往需对轴类零件进行调质处理；对轴上和其他零件有相对运动的表面，为增加其耐磨性，有时还需要进行表面淬火、渗碳、渗氮等热处理。对热处理方法和要求，应在技术要求中注写清楚。如图 1−9 中的调质 220～250 HB 所示。

五、读轴类零件图的步骤

读齿轮轴零件图，如图 1−9 所示。

1. 概括了解

从标题栏读出零件名称是齿轮轴，属于轴类零件，材料是 45 钢等信息。对零件有了初步了解。

2. 分析视图，想象零件结构形状

主视图中采用了局部剖视图，还有一个移出断面图的表达方法。看图时，对零件进行形体分析。利用形体分析法，从轴左端开始读图，轴的最左端是 $\phi35$ 的轴，接着是退刀槽和 $\phi40$ 的轴，然后是轴的主体部分 $\phi60$ 齿轮轴，此处采用了局部剖视图的表达方法表达出齿轮结构，接着是 $\phi40$、$\phi35$、$\phi30$ 的轴，最右端是 $\phi20$ 的轴，此处采用移出断面图 $A—A$ 表达轴上键槽的结构。如图 1−10 所示。

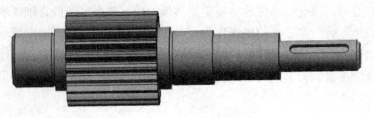

图 1 - 10　齿轮轴

3. 看尺寸，分析尺寸基准

齿轮轴有径向尺寸和轴向尺寸。径向尺寸的尺寸基准为回转轴线，径向尺寸有 $\phi60h8$、$\phi55$、$\phi40$、$\phi35k6$、$\phi40$、$\phi30$、$\phi20r6$（从左到右）。轴向尺寸的尺寸基准一般选取重要的定位面（即轴肩，如 $\phi40$ 处的轴承定位面）或端面，轴的总长为 228。

4. 看技术要求

有配合要求或有相对运动的两段 $\phi35k6{}_{+0.002}^{+0.018}$ 的轴段，$\phi20r6{}_{+0.028}^{+0.041}$ 的轴段，键槽 $6N9{}_{-0.030}^{0}$，其表面粗糙度、尺寸公差和形位公差比其他轴段要求严格。$\phi35k6{}_{+0.002}^{+0.018}$ 的轴段的表面粗糙度为 1.6 μm，键槽侧面表面粗糙度为 3.2 μm。齿轮轴的模数为 2.5，齿数为 22，压力角为 20°，精度等级为 7 - 6 - 6GM。

从"技术要求"的文字说明中可以看出，为了提高强度和韧性，往往需对轴类零件进行调质处理，调质 220 ~ 250 HB；图中未标注的倒角均为 $C2$；轴端要去锐边毛刺。

任务三　盘类零件识读

🎯 任务目标 >>

1. 熟悉盘类零件常见结构。
2. 掌握盘类零件常用的表达方法。
3. 能识读盘类零件图。

一、盘类零件结构特点

盘类零件主要有齿轮、带轮、手轮、法兰盘和端盖等。在机器中主要起传动、支承、轴向定位或密封等作用。

如图 1 - 11 所示，盘类零件基本形状是扁平的盘状，主体部分多为回转体，径向尺寸远大于其轴向尺寸。零件上常有肋、孔、槽、轮辐和耳板、齿等结构，端盖上常有密封槽。轮一般由轮毂、轮辐和轮缘三部分组成，较小的轮也可制成实体（腹板）式。为了减小质量和便于拆卸，辐板上常带有孔。

（a）　　　　　　　（b）　　　　　　　（c）　　　　　　　（d）

图 1 – 11　盘类零件

（a）平带轮；（b）齿轮；（c）V 带轮；（d）端盖

二、盘类零件常用表达方法

盘类零件主要在车床上加工，按其形体特征和加工位置选择主视图，经常是将轴线水平放置，并作全剖视图。

盘类零件一般常用主视图、左视图（或右视图）两个视图来表达。主视图采用全剖视图（由单一剖切面或几个相交的剖切面剖切而得），左视图则多用来表示其轴向外形和盘上孔与槽的分布情况。零件上其他细小结构常采用局部放大图和简化画法进行表达。

三、盘类零件尺寸标注

盘类零件主要有两个方向的尺寸，即径向尺寸和轴向尺寸。径向尺寸往往以轴线或对称面为基准，轴向尺寸以经过机械加工并与其他零件表面相接触的较大的端面为基准。

四、盘类零件技术要求

盘类零件有配合关系的内外表面及起轴向定位作用的端面，其粗糙度值要小。

有配合关系的孔、轴的尺寸应给出恰当的尺寸公差；与其他零件表面相接触的表面，尤其是与运动零件相接触的表面，应有平行度或垂直度要求。

五、读盘类零件图的步骤

读端盖零件图，如图 1 – 12 所示。

1. 概括了解

从标题栏读出零件名称是端盖，属于盘盖类零件，材料是 HT200（即灰铸铁），绘图比例是 1∶2 等信息。

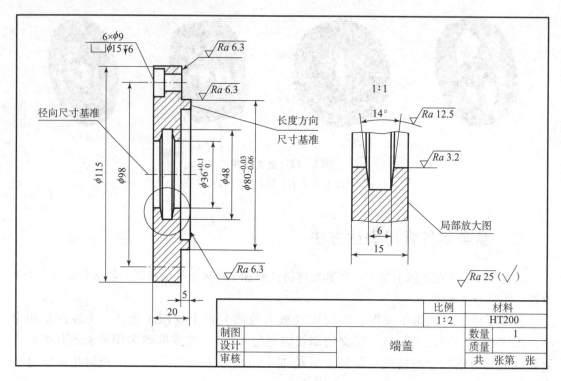

图 1–12　端盖零件图

2. 分析视图，想象零件结构形状

零件结构形状表达采用了两个视图：一个主视图，一个局部放大剖视图。主视图采用了全剖视图。从主视图中可以看出，端盖上有和盘板同轴的 $\phi36$、$\phi48$ 的内孔，盘板四周 6 个 $\phi9$ 的沉孔。从局部放大图中看出 $\phi48$ 的内孔有倾角为 $14°$ 的斜面。结构如图 1–13 所示。

图 1–13　端盖

3. 看尺寸，分析尺寸基准

端盖有两个方向的尺寸，即径向尺寸和轴向尺寸。径向尺寸往往以轴线为基准，尺寸有 $\phi115$、$\phi98$、$\phi36^{+0.1}_{0}$、$\phi48$、$\phi80^{-0.03}_{-0.06}$ 等；轴向尺寸以经过机械加工并与其他零件表面相接触的较大的端面为基准，尺寸有 5、20 等。

4. 看技术要求

分析零件图上所注的表面粗糙度、极限与配合等技术要求。有配合关系的孔 $\phi36^{+0.1}_{0}$ 上偏差为 0.1，下偏差为 0；$\phi80^{-0.03}_{-0.06}$ 上偏差为 -0.03，下偏差为 -0.06。

对于表面粗糙度 Ra，孔 $\phi36^{+0.1}_{0}$ 侧面要求最高，是 3.2 μm，其余没标注的表面粗糙度 Ra 均为 25 μm。该零件没有形位公差要求。

任务四 叉架类零件识读

🎯 任务目标 >>

1. 熟悉叉架类零件常见结构。
2. 掌握叉架类零件常用的表达方法。
3. 能识读叉架类零件图。

一、叉架类零件结构特点

叉架类零件主要有拨叉、连杆和各种支架等。拨叉主要用在各种机器的操纵机构上，起操纵、调速作用；连杆起传动作用；支架起支承和连接作用。这类零件多数形状不规则，结构比较复杂，毛坯多为铸件，需经多道工序加工而成。支架类零件一般由三部分构成，即支承部分、工作部分和连接部分。连接部分多为肋板结构且形状弯曲、扭斜的较多。承支部分和工作部分细部结构较多，如圆孔、螺孔、油槽、油孔等，如图 1－14 所示。

图 1－14 支架类零件

二、叉架类零件常用表达方法

叉架类零件的加工位置难以分出主次，工作位置也多变化，其主视图主要按工作位置或安装时平放的位置选择，并选择最能体现结构形状和位置特征的方向。一般把零件的主要轮廓放成垂直或水平位置。此外，还需要斜视图、局部视图、局部剖视图、断面图等才能将零件表达清楚。

三、叉架类零件尺寸标注

叉架类零件的长、宽、高三个方向的尺寸基准一般为支承部分的孔的轴线、对称面和较大的加工平面。

四、叉架类零件技术要求

叉架类零件一般对表面粗糙度、尺寸公差和形位公差没有特别的要求，按一般的规律给出即可。

五、读叉架类零件图的步骤

读拨叉零件图，如图 1 – 15 所示。

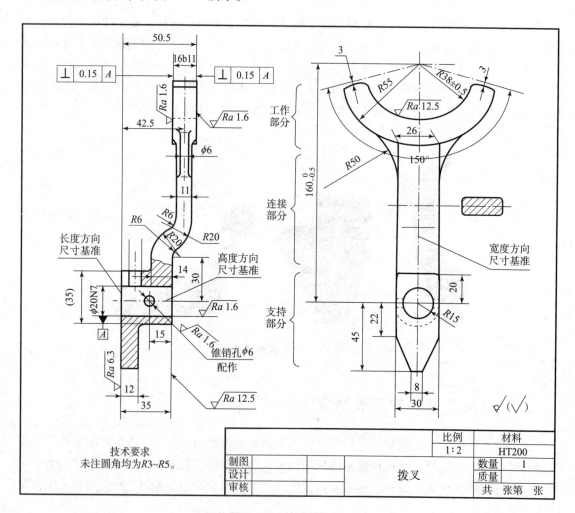

图 1 – 15　拨叉零件图

1. 概括了解

从标题栏读出零件名称是拨叉，属于叉架类零件，材料是 HT200（即灰铸铁），绘图比例是 1:2 等信息。

2. 分析视图，想象零件结构形状

零件结构形状表达采用了三个视图：主视图、左视图、移出断面图。主视图采用了局部剖视图来表达孔 $\phi20N7$、锥销孔 $\phi6$ 和螺孔 M10 的结构。移出断面图表达了连杆断面结构。利用形体分析法将零件分成三个部分：工作部分、连接部分和支承部分，然后从主视图入手，根据投影规律，将主、左视图联系起来看，按"先主后次、先整体后局部"的顺序想象出每个部分的结构形状，再根据图中的位置关系，想象出零件的整体结构。如图 1 – 16 所示。

图 1 – 16　拨叉

3. 看尺寸，分析尺寸基准

读尺寸标注，明确各个部分结构尺寸的大小和位置。首先找出三个方向的尺寸基准，通过分析可以看出，拨叉长度方向的尺寸基准是孔 $\phi20N7$ 的左端面；高度方向的尺寸基准是通过孔 $\phi20N7$ 轴线的水平面；宽度方向的尺寸基准是拨叉零件的前后对称面（如左视图所示）。

4. 看技术要求

读技术要求，全面掌握零件的质量指标。通过拨叉零件图的技术要求可知，拨叉有两处给出了尺寸公差，即尺寸 $\phi20N7$ 的孔和安装在一起的轴之间有配合关系，尺寸 16b11 给出了尺寸加工公差。对于表面粗糙度 Ra，孔 $\phi20N7$、锥销孔 $\phi6$、拨叉工作端端面的要求最高，都是 1.6 μm，其余表面满足工作性能要求，表面粗糙度 Ra 的值相对要大。拨叉工作端两端面对基准面 A（即通过孔 $\phi20N7$ 轴线的水平面）的垂直度公差都是 0 ~ 15。从"技术要求"的文字说明中可以看出，未注明的圆角半径为 3 ~ 5 mm。

任务五　箱体类零件识读

🌑 任务目标 >>

1. 熟悉箱体类零件常见结构。
2. 掌握箱体类零件常用的表达方法。
3. 能识读箱体类零件图。

一、箱体类零件结构特点

箱体类零件主要有泵体、阀体、变速箱、机座等，如图 1 – 17 所示，在机器或部件中用于容纳和支承其他零件。其内外结构都比较复杂，且加工工序也多。它们通常有一个薄壁的较大空腔，在箱壁上有多个形状和大小各异的圆筒。为了起加固作用，往往有肋板结构，还有和大空腔相连接的底板，用于安装。此外，还有凸台、凹坑、起模斜度、螺孔和倒角等小结构。

图 1 – 17　箱体类零件

二、箱体类零件常用表达方法

箱体类零件机构复杂，一般需要几个基本视图再配以其他辅助视图才能将零件表达清楚。主视图方向一般根据形状特征和工作位置来选择。由于此类零件内外结构都比较复杂，通常采用全剖、半剖和局部剖来表达。

三、箱体类零件尺寸标注

箱体结构比较复杂，尺寸较多。此类零件的尺寸基准一般是加工底面、端面、对称面。此外，还应特别注意各个轴孔的位置及轴孔之间的位置尺寸，因为这些尺寸正确与否，将直接影响传动轴的位置和传动的准确性。

四、箱体类零件技术要求

箱体类零件应标出表面粗糙度、极限与配合、形位公差、热处理及表面处理等技术要求。重要的箱体孔和重要表面的粗糙度要求较高，值要小。对箱体上某些重要的表面和重要的轴孔中心线，应给出形位公差要求。

五、读箱体类零件图的步骤

读零件图，如图 1 – 18 所示。

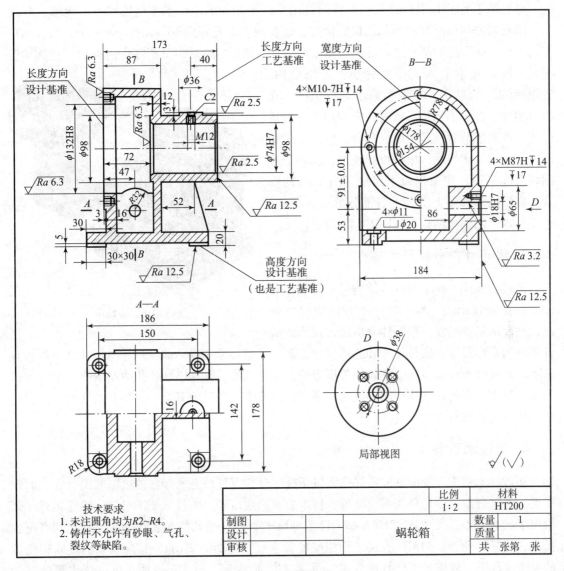

图1-18 蜗轮箱零件图

1. 概括了解

从标题栏读出零件名称是蜗轮箱，属于箱体类零件，材料是HT200（即灰铸铁），绘图比例是1:2等信息。

2. 分析视图，想象零件结构形状

箱体零件比较复杂，读图时不应急于求成，将眼睛盯在一个视图上。图中蜗轮箱零件图有四个视图，即主、俯、左三个基本视图和一个局部视图。再分析表达方案，即主视图采用全剖，俯、左视图采用了半剖，纵观全图，弄清各视图之间的关系，想象零件整体形状。零件图中主视图用平行于正面、通过φ74H7孔的轴线的单一剖切平面剖开；俯视图是用平行于水平面、通过φ18H7孔的轴线的单一平面剖切的半剖视图，既反映了蜗轮箱上方外部结构，也反映了 $\phi 18H7$ 孔的结构；左视图是用平行于侧面的单一平面剖切的半剖视图，既反映了蜗轮箱左端面结构和螺孔的位置情况，也反映了蜗轮箱内壁、螺孔 M8－7H、沉孔 $\phi 11$ 等的结构。D 图是局部视图，反映了箱体前端外部结构。然后再分析零件的类别和它的结构组成，按"先主后次，先大后小、先外后内、先粗后细"的顺序，有条不紊地进行识读。在分析零件各部分的结构形状时，应利用形体分析法将零件假想分解成若干组成部分，然后从主视图入手，围绕主视图，根据投影规律，将各个视图联系起来看，想象出每个组成部分的结构形状，再根据零件图上所表示各部分的位置关系，想象出零件的整体结构。如图 1－19 所示。

图 1－19　蜗轮箱

3. 看尺寸，分析尺寸基准

读尺寸标注，明确各部位结构尺寸的大小和位置。首先找出长、宽、高三个方向的尺寸基准，然后从基准出发，按形体分析法，找出组成各部分的定形尺寸、定位尺寸和总体尺寸；深入了解尺寸基准之间、尺寸与尺寸之间的相互关系。通过分析可以看出，蜗轮箱长度方向的尺寸基准，是 $\phi 132H8$ 孔的左端面；宽度方向的尺寸基准，是通过主体圆筒轴线的正平面；高度方向的尺寸基准，是底板的底面。然后再用形体分析法分析三类尺寸。

4. 看技术要求

通过技术要求，全面掌握零件的质量指标。分析零件图上所标注的极限与配合、表面粗糙度、形位公差、热处理及表面处理等技术要求。通过图上的技术要求可知，蜗轮箱有三处给出了尺寸公差：尺寸 $\phi 132H8$、$\phi 74H7$ 和 $\phi 18H7$，这三处孔与安装在一起的轴之间有配合要求，且是基孔制。$\phi 18H7$ 孔的表面粗糙度要求较高，为 $3.2~\mu m$，其余表面的表面粗糙度的要求也较高，能满足工作性能要求。再读"技术要求"的文字说明，可以读出箱体零件没有注出的圆角半径是 $2\sim 4~mm$；箱体铸件的要求，不允许有砂眼、裂纹、气孔等缺陷。该箱体没有形位公差要求。

项目二　初识 UG NX 9.0

【项目介绍】

UG NX 软件是当今最流行的 CAD/CAE/CAM 一体化软件，为用户提供了先进的集成技术和一流实践经验的解决方案，能够把任何产品的构思付诸实际。其由多个应用模块组成，使用这些模块，可以实现工程设计、绘图、装配、辅助制造和分析一体化。

本项目主要介绍 UG NX 9.0 功能特点、操作界面、文件管理基本操作、视图操作、对象选择操作、图层操作、视图布局设置、通用工具的应用等。

任务一　UG NX 9.0 的基本特点

任务目标 >>

1. 认识手工绘图与计算机辅助设计的区别和联系。
2. UG NX 9.0 功能特点及操作界面。

一、手工绘图与计算机辅助设计的区别与联系

学过了机械制图，对手工在图纸上绘图有了较详细的认识：主要由主视图、俯视图、侧视图等二维图形构成；绘图前，在头脑中已经形成了所要绘制零件的立体图形，再利用投影原理绘制出二维图形；三维软件使物体既可以用三维方式表达，也可以用二维方式表达，更重要的是，绘图思路发生了根本变化，设计是直接从三维造型开始的，就是将真实的三维物体"放到"计算机里的过程，直接在三维造型上进行修改，更加直观，更加有利于观察产品，最后再使用合适的表达方式生成工程图。

制图不仅表达设计思想，还有组织生产，检验最终产品的作用，此外，还要存档。在无纸化设计的时代，制图绝不是不重要了，而是设计工作这一活动本身变了，范围更大了，手段更多了，制图设计在整个设计工作中的比重在下降，难度也在下降。更重要的是，设计工作不再从工程制图开始，而是从三维造型开始，省去烦琐的反复制图、改图、出图过程，这本身就是技术进步带来的好处。

二、UG NX 9.0 的功能特点及操作界面

1. 功能特点

①UG NX 9.0 采用复合建模技术，融合了实体建模、曲面建模和参数化建模等多方面的技术，摒弃了传统建模设计意图传递与参数化建模严重依赖草图，以及生成和编辑方法单一的缺陷。用户可以根据自身需要和习惯选择适合自身的建模方法。

②UG NX 9.0 系统提供了基于过程的产品设计环境，使产品开发从设计到加工真正实现了数据的无缝集成，从而优化了企业的产品设计与制造。UG 面向过程驱动的技术是虚拟产品开发的关键技术，在面向过程驱动技术的环境中，用户的全部产品及精确的数据模型能够在产品开发全过程的各个环节保持相关，从而有效地实现了并行工程。

③该软件不仅具有强大的实体造型、曲面造型、虚拟装配和产生工程图等设计功能，而且在设计过程中可进行有限元分析、机构运动分析、动力学分析和仿真模拟，提高设计的可靠性。同时，可用建立的三维模型直接生成数控代码，用于产品的加工，其后处理程序支持多种类型数控机床。另外，它所提供的二次开发语言 UG/Open GRIP、UG/Open API 简单易学，实现功能多，便于用户开发专用 CAD 系统。

2. 操作界面

工作界面是设计者与 UG NX 9.0 功能特点及操作界面系统的交流平台，对于初级用户，有必要对 UG NX 9.0 的工作界面进行介绍，在后续进一步学习后，可根据个人的应用情况及习惯，定制适合自己的工作界面。本任务主要介绍系统默认的工作界面。

（1）启动 UG NX 9.0 中文版

常用的有以下两种方法：

①双击桌面上 UG NX 9.0 的快捷方式图标，便可启动 UG NX 9.0 中文版。

②执行"开始"→"所有程序"→"UG NX 9.0"→"UG NX 9.0"命令，启动 UG NX 9.0 中文版。UG NX 9.0 中文版启动界面如图 2 - 1 所示。

（2）操作界面

启动 UG NX 9.0 软件后，打开任一零件，进入 UG NX 9.0 的操作界面，如图 2 - 2 所示。

1）标题栏

标题栏位于 UG NX 9.0 主操作界面的最上方。在标题栏中显示了软件应用图标和软件版本名，当新建或打开模型文件时，在标题栏中还显示该文件的类型和文件名。

2）菜单栏

菜单栏位于标题栏下方，它集中了各种操作及功能的命令。在菜单栏中选择所需命令（包括"文件""编辑""视图""插入""格式""工具""装配""信息""分析""首选项""窗口""帮助"等命令），则打开其下拉式菜单。如果在下拉式菜单中选择带有"▶"符号标识的命令，则会打开其级联菜单。图 2 - 3 所示为打开的"插入"→"修剪"级联菜单。

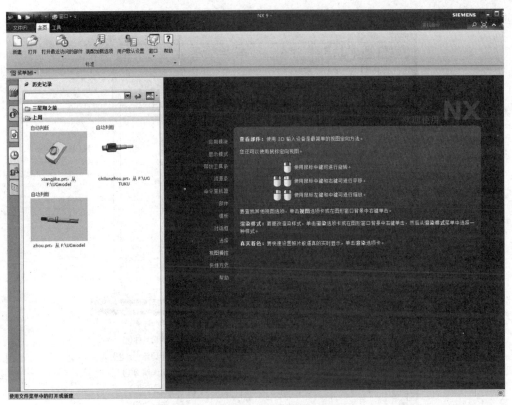

图 2-1　UG NX 9.0 中文版启动界面

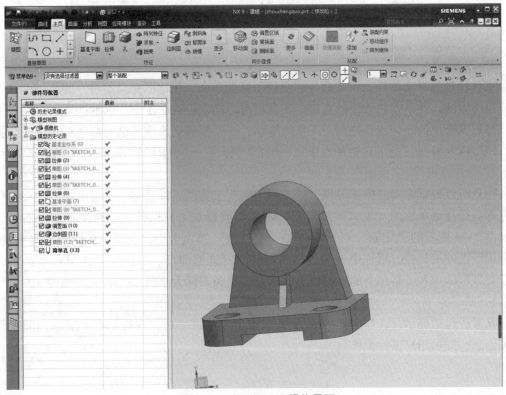

图 2-2　UG NX 9.0 操作界面

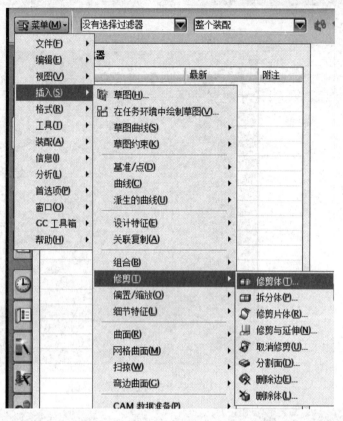

图 2 - 3 "插入"→"修剪"级联菜单

3）工具栏

工具栏是选择菜单栏中相关命令的快捷图标的集合。快捷图标只是将一些常用的命令制作成快捷方式，便于常用命令的选择。工具栏可以随意停放在主工作区的四周，也可以用鼠标将停靠状态下的任何工具栏向主工作区拖动，工具栏将会出现自己的标题栏，以便分类识别。UG NX 9.0 提供的工具栏种类很多，包括"标准""视图""分析""装配""曲线""特征""特征操作""曲面"等。

用户可以根据需要或操作习惯，设置调用哪些工具栏，以及定制自己所需要的个性化工具栏等。选择菜单栏的"工具"→"定制"命令，或者在工具栏任意空白位置单击右键，打开如图 2 - 4 所示的"定制"对话框。在"工具条"选项卡上，可以设置调用哪些工具栏。要调用所需的工具栏，则选中该工具栏名称前的复选框即可。切换到"选项"选项卡，可以设置显示菜单和工具条上的屏幕信息，以及工具条图标大小等。

4）状态栏

状态栏包括提示行，如图 2 - 5 所示。当单击直线命令时，在提示行中显示当前操作的相关信息，提示用户进行操作。

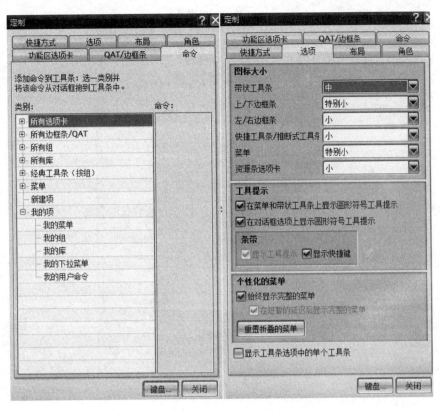

图 2-4 "定制"对话框

图 2-5 状态栏

5）资源板

资源板包括一个资源条和相应的显示列表框。在资源板上包括装配导航器、部件导航器、重用库、Internet Explorer、历史记录、系统材料、Process Studio、加工向导、角色和系统可视化场景等内容，如图 2-6 所示。通过使用资源板，用户可以很方便地获取相关的资源信息，例如获取一些历史操作记录。

6）绘图区域

绘图区域通常也称为图形窗口或模型窗口，它是设计工作的焦点区域，是用户进行建模、装配和工程图等操作的主要区域。绘制的草图、模型等都显示在这里，并且通过坐标系来确定模型的位置。

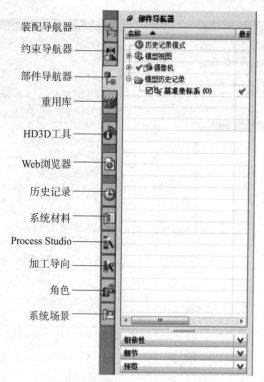

图 2 - 6 资源板

装配导航器
约束导航器
部件导航器
重用库
HD3D工具
Web浏览器
历史记录
系统材料
Process Studio
加工导向
角色
系统场景

任务二　掌握 UG NX 9.0 的基本操作

任务目标 >>

1. 熟悉 UG NX 9.0 中文件管理操作。
2. 掌握 UG NX 9.0 中视图操作及对象选择操作。

一、文件管理操作

文件管理基本操作包括新建文件、打开文件、保存文件、关闭文件、导入与导出文件、查看文件属性等。文件管理基本操作的菜单命令位于菜单栏的"文件"菜单中，如图 2 - 7 所示。

1. 新建文件

在菜单栏中选择"文件"→"新建"命令，或者在工具栏上单击 （新建）按钮，可以创建一个新的文件。新建文件的一般操作步骤如下：

①在菜单栏中选择"文件"→"新建"命令，或者在工具栏上单击 （新建）按钮，打开如图 2 - 8 所示的"新建"对话框。在"新建"对话框中，有 7 个选项卡，即"模型"选项卡、"图纸"选项卡、"仿真"选项卡、"加工"选项卡、"检测"选项卡、"机电概念设

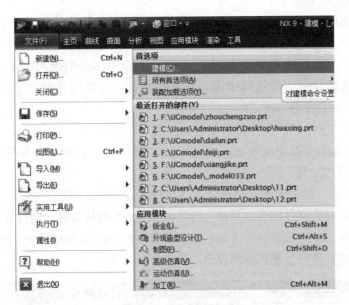

图 2 - 7 "文件"菜单

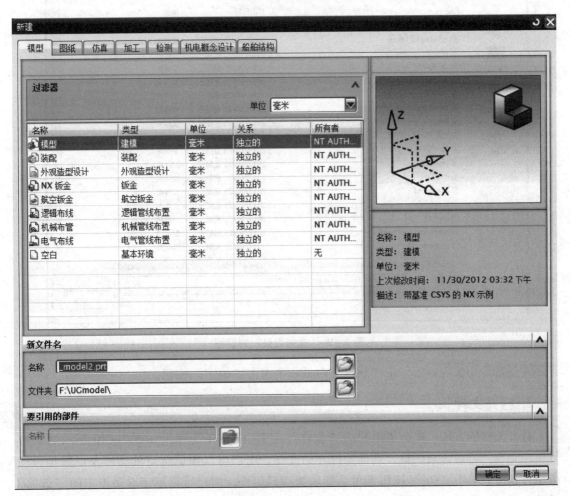

图 2 - 8 "新建"对话框

计"选项卡和"船舶结构"选项卡，分别用于创建模型（部件）文件、图纸文件、仿真文件、加工设置文件、检测设置文件、机电概念常规设置及船舶结构参考设置文件。其中，使用"仿真"选项卡可以创建 FEM 文件（*.fem），其余选项卡创建的文件格式为 *.prt。用户可以根据需要选择其中一个选项卡来设置新建文件。这里以选择"模型"选项卡为例，说明如何创建一个部件文件。

②系统提示："选择模板，并在必要时选择要引用的部件。"在"模型"选项卡上，从"名称"选项组中选择所需要的模板，并可以从"单位"下拉列表框中选择单位选项，如"毫米""英寸"或"全部"。

③在"新文件名"选项组的"名称"文本框中输入新建文件的名称或接受默认名称。在"文件夹"文本框中指定文件的存放目录，若单击文本框右侧的按键，则打开如图 2-9 所示的"选择目录"对话框，从中选择所需要的目录或指定位置创建所需的目录。指定目录后，单击"确定"按钮。注意：文件名和保存路径中不要包含中文字符。

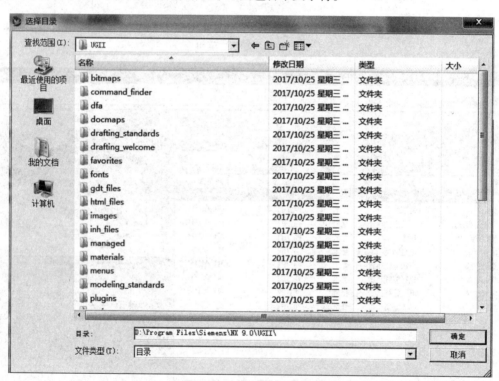

图 2-9 "选择目录"对话框

④设置好相关内容后，在"新建"对话框中单击"确定"按钮。

2. 打开文件

打开文件的方法：单击菜单栏的"文件"→"打开"，系统弹出如图 2-10 所示的"打开"对话框。通过该对话框，选择要打开的文件，用户可以预览选定的文件及设置是否加载组件，然后单击"OK"按钮即可。如果要加载组件，用户可以单击对话框中的"选项"按钮，打开如图 2-11 所示的"装配加载选项"对话框，从中设置相应的装配加载选项。

必要时，用户可以展开"加载行为""引用集""书签恢复选项"和"已保存加载选项"来设置所需要的内容，如图 2 – 12 所示。

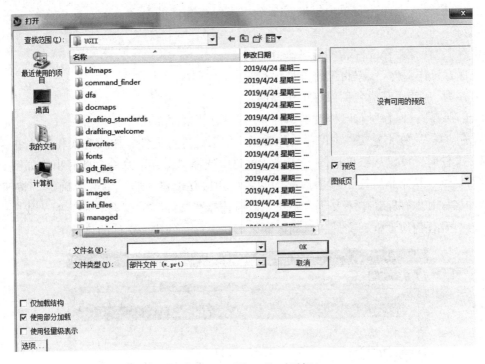

图 2 – 10　"打开"对话框

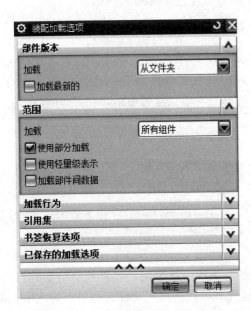

图 2 – 11　"装配加载选项"对话框

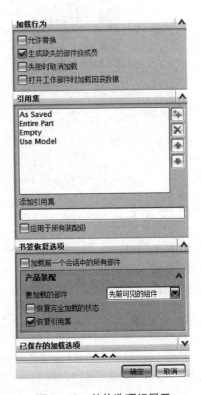

图 2 – 12　其他选项组展开

3. 保存文件

在菜单栏的"文件"菜单中提供了多个用于保存文件的命令，下面简单介绍一这些命令的功能。

"保存"：保存工作部件和任何已修改的组件。

"仅保存工作部件"：仅将工作部件保存起来。

"另存为"：使用其他名称保存工作部件。

"全部保存"：保存所有已修改的部件和所有的顶级装配部件。

"保存书签"：在书签文件中保存装配关联，包括组件可见性、加载选项和组件组。当第一次保存文件时，可以从菜单栏的"文件"菜单中选择"保存"命令，此时出现如图 2 – 13 所示的对话框，从中指定用于该模板部件的名称和保存位置，然后单击"确定"按钮。注意，文件名称和保存路径中不要包含中文。以后选择"文件"→"保存"命令时，或单击 ，系统不再打开任何对话框，文件将自动以同名形式保存在创建该文件的目录下。

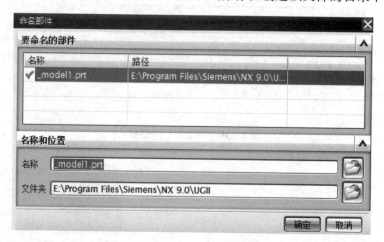

图 2 – 13　"命名部件"对话框

如果要以其他名称保存工作部件，则选择"文件"→"另存为"命令，打开如图 2 – 14 所示的"另存为"对话框，用户从中指定保存地址，并在"文件名"列表框中输入新的文件名，从"保存类型"下拉列表框中选择要保存的类型选项，然后单击"OK"按钮即可。

4. 关闭文件

在菜单栏的"文件"菜单中提供了用不同方式关闭文件的命令，如图 2 – 15 所示，用户可以根据实际情况选用其中的一种命令。例如，从"文件"→"关闭"级联菜单中选择"所有部件"命令，可以关闭所有的部件并保持 NX 会话继续运行。

5. 文件导入和导出

使用 UG NX 9.0 可以进行多种类型的数据交换，实现与其他设计软件共享数据的目的，即利用 UG NX 9.0，既可以将自身的模型数据转换成多种数据格式文件，也可以导入由其他软件生成的数据文件。

图 2 -14 "另存为"对话框

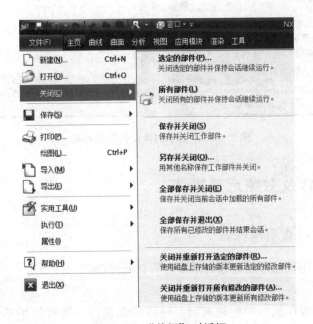

图 2 -15 "关闭"对话框

在 UG NX 9.0 中可以导入的数据类型包括部件、Parasolid、Nx - 2D、CGM、VRML、STL、IGES、STEP203、STEP214、DXF/DWG、Imageware、Steinbichler、CATIA V4、CATIA

V5、Pro/ENGINEER 等。而在 UG NX 9.0 中可以导出的文件类型有部件、Parasolid、用户定义特征、PDF、CGM、STL、多边形文件、编创 HTML、JT、VRML、PNG、JPEG、GIF、TIFF、BMP、IGES、STEP203、STEP214、DXF/DWG、2D Exchange、修复几何体、CATIA V4 和 CATIA V5 等。

6. 查看文件属性

选择"文件"菜单中的"属性"命令，打开如图 2 - 16 所示的"显示部件属性"对话框。该对话框提供了"属性"选项卡、"显示部件"选项卡、"重置"选项卡、"部件文件"选项卡和"预览"选项卡，用户可以切换到所需的选项卡中，来查看相关的属性信息。例如，切换到"显示部件"选项卡，可以查看相关信息，包括部件名、完整路径、单位、创建模式、图纸、工作视图、工作图层、显示比例、栅格类型等。

 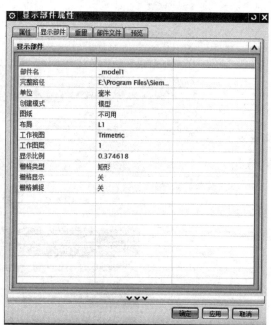

图 2 - 16 "显示部件属性"对话框

二、视图操作及对象选择操作

1. 使用鼠标进行查看操作

系统允许用户使用鼠标来快速地对模型进行查看操作。

（1）平移模型

在图形窗口中，按住鼠标中键和右键，然后移动鼠标，则可以平移模型；也可以按住 Shift 键和鼠标中键的同时拖动鼠标来平移模型。在图上，会出现一只手的图案。

（2）旋转模型

在图形窗口中，按住鼠标中键的同时拖动鼠标，可以旋转模型（无固定点）。如果要围绕模型上某一位置旋转，可以先在该位置处按住鼠标中键一会儿，然后开始拖动鼠标（有固定点）。

（3）缩放模型

在模型窗口中，按住鼠标左键和中键的同时拖动鼠标，可以缩放模型。用户也可以直接使用鼠标滚轮快速地对模型进行缩放操作。另外，按住 Ctrl 键和鼠标中键的同时移动鼠标，也可以缩放模型。

如果要恢复正交视图或其他默认视图，可以在图形区域的空白处右击，出现快捷菜单，从快捷菜单的"定向视图"级联菜单中选择一个视图选项，如图 2－17 所示。

此外，用户需要了解的是，新部件的渲染样式是由其所选用的模板决定的。如果要更改模板的渲染样式，那么可以在图形区域的空白处右击，并在出现的快捷菜单中展开"渲染样式"级联菜单，如图 2－18 所示，从中选择一个样式即可。

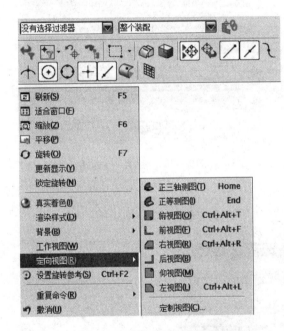

图 2－17　"定向视图"级联菜单

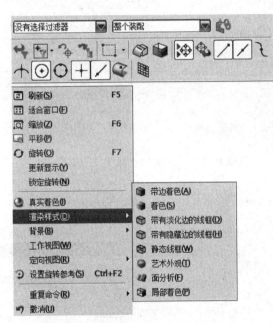

图 2－18　"渲染样式"级联菜单

2. 视图操作命令

在菜单栏的"视图"→"操作"级联菜单中，提供了实用的视图操作命令，如图 2－19所示。下面简单地介绍一下这些视图操作命令的功能含义，以便读者初步了解。

"适合窗口"：调整工作视图的中心和比例，以显示所有对象。这个命令主要是由于放大、旋转等操作，会导致对象不见，当显示不出所有对象时，可以单击这个命令。

"缩放"：放大或缩小工作视图。单击这个命令，出现如图 2－20 所示的对话框。刻度尺，就是缩放的比例，通过改变数据，能够实现缩放。然后再单击"确定"或"应用"按钮。

"取消缩放"：取消上次对视图所做的缩放操作。

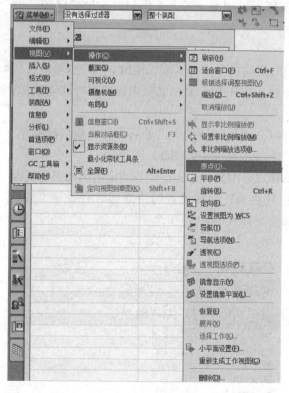

图 2 - 19 "视图"→"操作"级联菜单

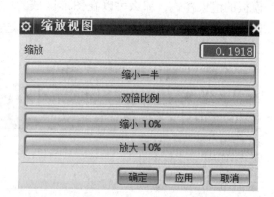

图 2 - 20 "缩放"对话框

　　"原点"：更改工作视图的中心。单击后出现如图 2 - 21 所示的选择点的对话框，可以在图上选择指定点作为原点，然后再单击"确定"按钮。

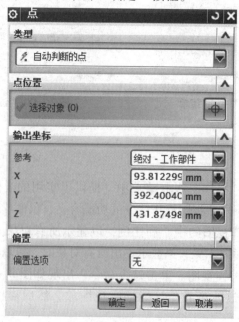

图 2 - 21 "点"对话框

"旋转"：使用鼠标围绕特定的轴旋转视图，或将其旋转至特定的视图方位。单击后出现如图 2-22 所示的对话框。

图 2-22 "选择"对话框

"导航选项"；控制观察者的位置并选择定义一条路径，可以使观察者沿该路径在视图中移动。

"导航"：鼠标将变为飞机形状，随着鼠标移动，模型也在连续移动。

"设置镜像平面"：重新定义用于"镜像显示"选项的镜像平面。单击该命令后，选择基准平面 YOZ。

"镜像显示"：通过用某个平面对对称模型的一半进行镜像操作来创建镜像图像。

"新建截面"：在工作视图中创建新的动态截面对象，并在工作视图中激活它。选择 XOY 平面，然后再单击"剪切工作截面"，启用视图剖切，如图 2-23 所示。

图 2-23 "剪切工作截面"完成图

3. 对象选择操作

在 UG NX 9.0 中，将鼠标指针移动到所需的对象上并单击，可以选择该对象。重复此操作，继续选择其他对象。当遇到多个对象相距很近时，可以使用"快速拾取"对话框来选择所需的对象。

快速选择对象的操作：将鼠标指针置于要选择的对象上保持不动，等鼠标指针旁出现三个点时，单击便可打开如图 2 - 24 所示的"快速拾取"对话框，系统列出了鼠标指针下的多个对象，从该列表中指向某个对象使其高亮显示，然后单击便可选择它。也可以通过在此对象上按住鼠标左键，等到鼠标旁出现三个点时，释放鼠标按钮可以打开"快速拾取"对话框，然后在对话框的列表中指定对象。

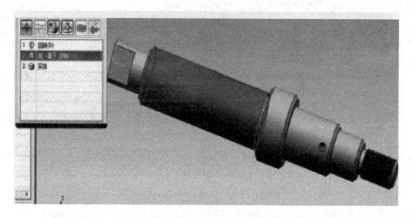

图 2 - 24　"快速拾取"对话框

在未打开任何对话框的时候，按住 Esc 键可以消除当前选择。当打开一个对话框时，按住 Shift 键并单击选定对象，可以取消选择对象。

任务三　图层操作及视图布局设置

🔖 任务目标 >>

1. 掌握图层操作。
2. 掌握视图布局设置。

一、图层操作

在实际设计中，应用图层有利于管理组织零部件等。用户可以根据设计需要设置其中一个图层作为工作图层，在图层上绘制对象，就好比在一张指定的透明纸上绘制对象一样，可以设置图层的可见状态。

在"格式"菜单下提供了图层操作的相关命令，如图 2 - 25 所示。下面介绍"格式"

菜单下的"图层设置""在视图中可见图层""图层类别""移动至图层"和"复制至图层"命令的功能。

1. 图层设置

从菜单栏的"格式"菜单中选择"图层设置"命令，系统弹出如图 2-26 所示的对话框。

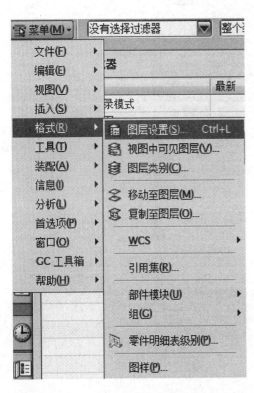

图 2-25 "格式"相关命令

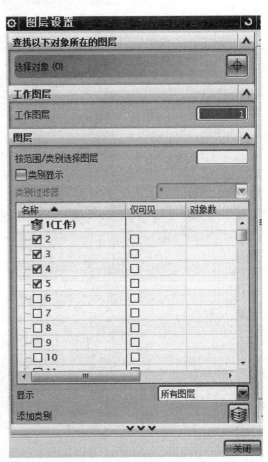

图 2-26 "图层设置"对话框

（1）查找来自对象的图层

利用"图层设置"对话框，可以查找来自对象的图层，即选择对象后显示该对象所在的图层。当前工作图层是 1，共有 3 个对象。

（2）指定工作图层

在"图层设置"对话框中，用户可以在"工作图层"文本框中输入一个所需要的图层号，该图层便被指定为工作图层。图层号的范围为 1~256，当前为 1。

（3）指定图层范围

在"图层"选项组"按范围/类别选择图层"文本框中，输入一个图层号或范围，可以让系统快速找到用户指定的图层。例如，输入"10-30"并按 Enter 键，则指定用户需要的图层在 10～30 号图层之间。

（4）设置过滤器方式、类别显示及图层可见性等

选中"类别显示"复选框，此时在"类别过滤器"右文本框中可以输入过滤器图层类别选项，其默认选项为"＊"，如图 2－27 所示。在列表中可以设置选定层对象的可见性和类别名称等。

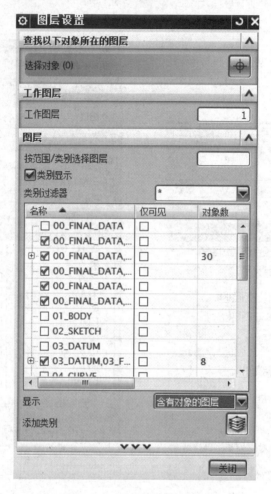

图 2－27 设置图层过滤器

在"显示"下拉列表框中可供选择的选项有"所有图层""所有可见图层""所有可选图层"和"含有对象的图层"，利用此下拉列表框中的选项设置"图层/状态"列表框中显示的图层范围。如图 2－28 所示。

图 2－28 "显示"下拉列表框

单击（添加类别）按钮，可以添加一个新的类别；如果要删除不需要的图层类别，则可以在列表中右击图层类别，从快捷菜单中选择“删除”命令，如图 2－29 所示。

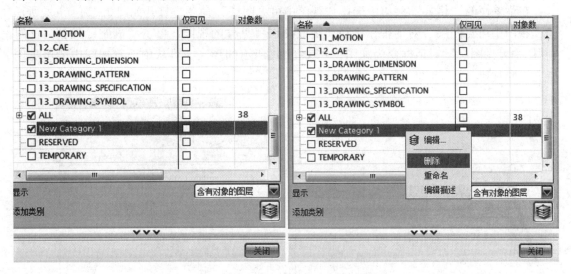

图 2－29　添加新类别和删除类别

展开“图层”选项组内的“图层控制”选项，可以将选定图层设为工作图层、可见或不可见等；如果单击（信息）按钮，则弹出如图 2－30 所示的“信息”窗口，从中查询相关图层的信息。

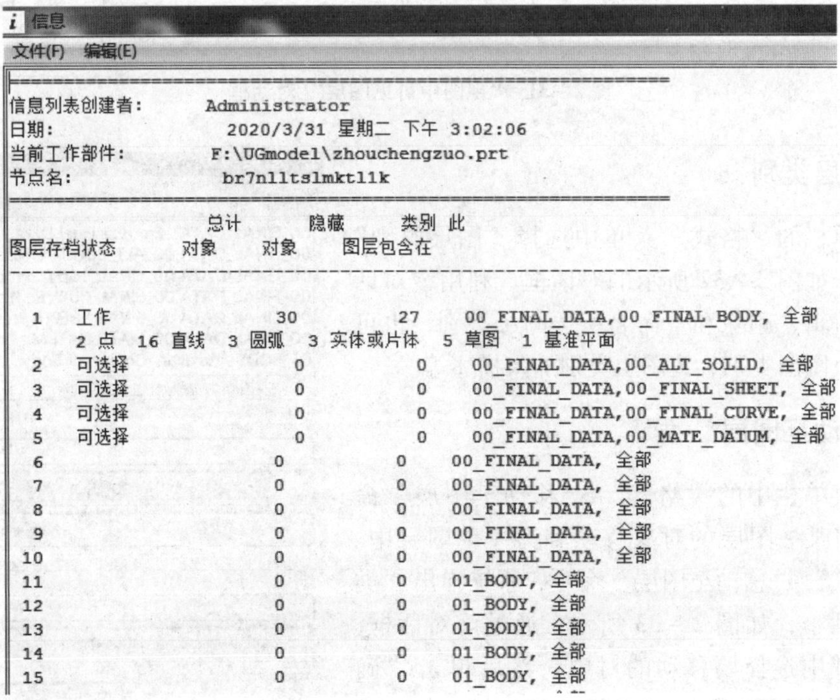

图 2－30　“信息”窗口

2. 视图中的可见层

在菜单栏的"格式"菜单中选择"视图中可见图层"命令，打开如图 2 – 31（a）所示的"视图中可见图层"对话框，选择要更改图层可见性的视图，单击"确定"按钮，此时"视图中可见图层"对话框变为如图 2 – 31（b）所示的形式，可从中设置视图中的可见图层或选取对象。

（a）

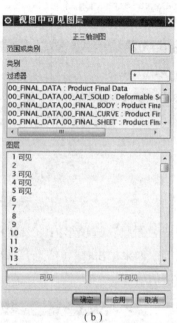

（b）

图 2 – 31 "视图中可见图层"对话框

3. 图层类别

在菜单栏的"格式"菜单中选择"图层类别"命令，打开如图 2 – 32 所示的对话框。利用该对话框，可以编辑、删除和重命名所选图层类别，也可以新建一个图层类别、为图层类别加入描述等。

4. 移动至图层

使用菜单栏中的"格式"→"移动至图层"命令，可以将某一图层的对象移动到另一个图层中。选择"格式"→"移动至图层"命令，系统弹出"类选择"对话框，如图 2 – 33 所示。通过该对话框，在图形区域中选择要移动的对象，然后单击"确定"按钮，打开如图 2 – 34 所示的"图层移动"对话框，此时系统提示：选择要放置已选对象的图层。

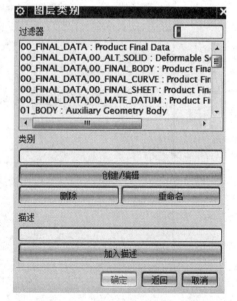

图 2 – 32 "图层类别"对话框

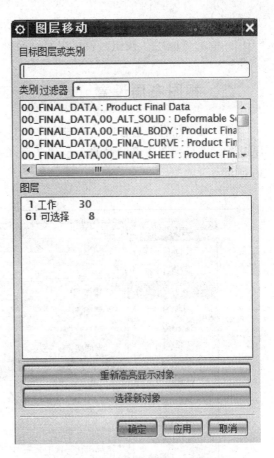

图 2 – 34 "图层移动"对话框

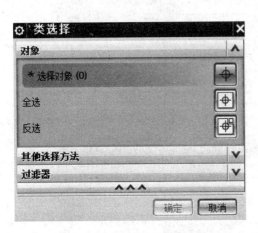

图 2 – 33 "类选择"对话框

在"图层移动"对话框中,"目标图层或类别"文本框用来输入目标图层或者目标类别标识,而"类别过滤器"则用来设置过滤图层。原来放置的是图层 1,可以在其中填入图层 3,那么就移动到图层 3 了。单击"重新高亮显示对象"按钮,可以使选取的对象在图形区域中高亮显示。如果单击"选择新对象"按钮,系统打开"类选择"对话框,接着选择要移动的对象,确认要移动的对象后,在"图层移动"对话框中进行相关操作即可。

5. 复制至图层

"复制至图层"的操作方法和"移动至图层"的操作方法类似。使用菜单栏中的"格式"→"复制至图层"命令,可以将某一个图层的选定对象复制到指定的图层中。选择"格式"→"复制至图层"命令,系统弹出如图 2 – 33 所示的"类选择"对话框,接着选择要复制的对象,单击"确定"按钮,打开如图 2 – 35 所示的"图层复制"

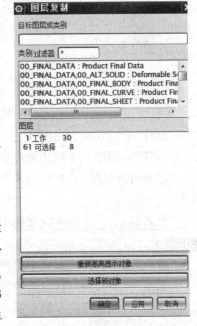

图 2 – 35 "图层复制"对话框

对话框，从中进行相关设置及操作即可。在目标图层或类别中直接输入图层号，例如"10"，单击"应用"按钮，就可以复制至第10图层了。

二、视图布局设置

在三维产品设计过程中，有时需要同时从多个角度观察三维对象，这就需要进行视图布局设置。进行视图布局设置的命令位于菜单栏的"视图"→"布局"级联菜单中，如图2－36所示。

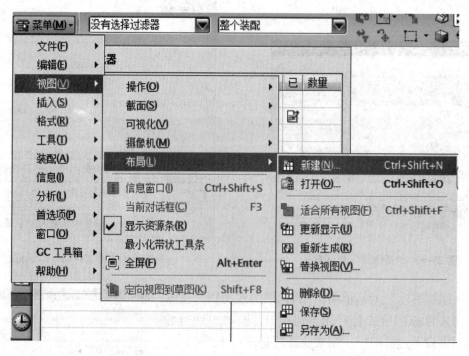

图2－36 "视图"→"布局"级联菜单

各级联菜单中的命令的功能如下：

"新建"：以6种布局模式之一创建包含至多9个视图的布局。

"打开"：调用5个默认布局中的任何一个或任何先前创建的布局。

"适合所有视图"：调整所有视图的中心和比例，以在每个视图的边界之内显示所有对象。

"更新显示"：重新生成布局中的每个视图，移除临时显示的对象并更新已修改的几何体的显示。

"替换视图"：替换布局中的视图。

"删除"：删除用户自定义的任何不活动的布局。

"保存"：保存当前布局布置。

"另存为"：用其他名称保存当前布局。

任务四 首选项基础设置

任务目标 >>

掌握首选项的常用设置。

UG NX 9.0 提供了用于个性化设置的首选项命令,如图 2-37 所示,用户可以根据个人喜好或操作习惯,选择相应的首选项命令来更改系统默认的一些参数。

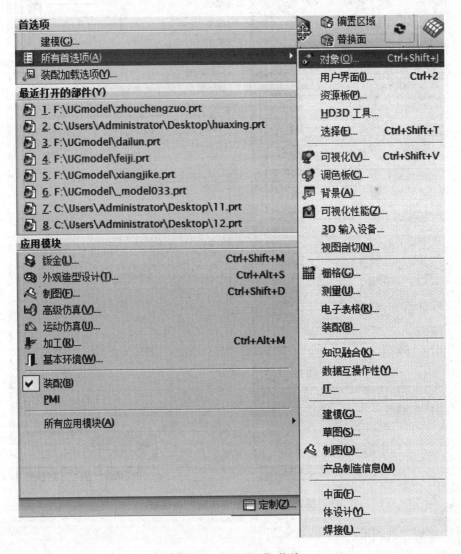

图 2-37 "首选项"菜单

1. 对象参数设置

在菜单栏的"首选项"中选择"对象"命令，打开"对象首选项"对话框，该对话框具有两个选项卡，如图2-38所示。

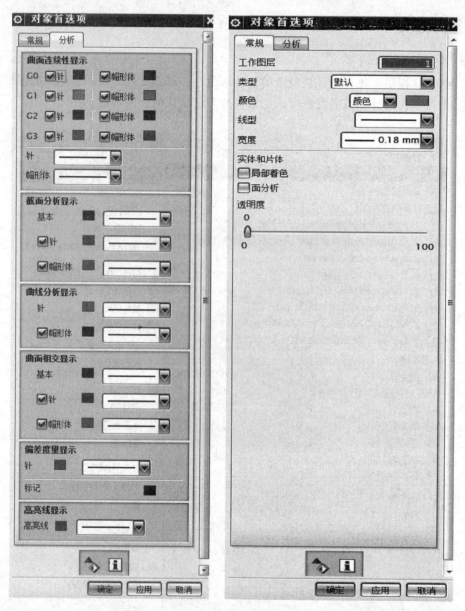

图2-38 "对象首选项"对话框

（1）"常规"选项卡

该选项卡用来设置工作图层，默认的是"1"，设置对象包括类型、颜色、线型和宽度，并设置是否对实体和片体进行局部着色和面分析，还可以设置透明度。

（2）"分析"选项卡

该选项卡可以设置曲面连续性显示参数、截面分析显示参数、偏差度量显示参数和高亮线显示参数等。

2. 用户界面设置

在菜单栏的"首选项"中选择"用户界面"命令，打开如图 2 - 39 所示的"用户界面首选项"对话框。在"常规"选项卡中，可以设置对话框、跟踪条和信息窗口中显示的小数位数，默认的数值分别是 4、3、9。可以设置是否在信息窗口中使用系统精度，只要在小方框中打勾，就能完成这一设置。可以指定网络浏览器的主页 URL 等。而在"布局"选项卡中，可以设置用户界面环境、窗口风格选项（"NX（推荐）""NX 带系统字体"和"系统主题"）、资源条显示位置（"在左侧""在右侧""如工具条"）及页是否自动飞出等。

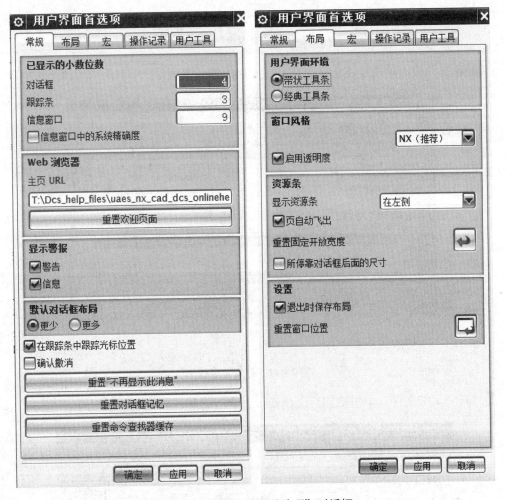

图 2 -39　"用户界面首选项"对话框

另外，利用"用户界面首选项"对话框中的其他的选项卡，还能设置宏选项（录制和回话选项）、操作记录选项和用户工具加载等。

3. 资源板设置

在菜单栏的"首选项"中选择"资源板"命令，打开如图 2 -40 所示的"资源板"对话框，从中设置影响资源板操作和显示的首选项。用户应该熟悉"资源板"对话框中的以下按钮功能。

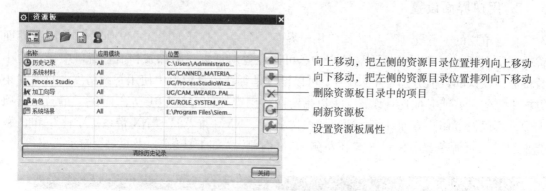

向上移动，把左侧的资源目录位置排列向上移动
向下移动，把左侧的资源目录位置排列向下移动
删除资源板目录中的项目
刷新资源板
设置资源板属性

图 2 - 40 "资源板"对话框

新建资源板。单击按钮后，出现如图 2 - 41 所示界面。

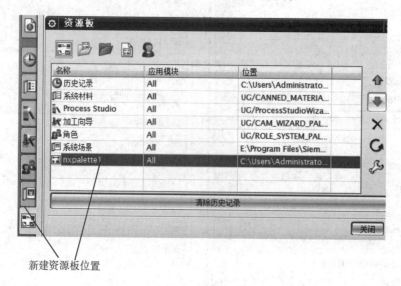

新建资源板位置

图 2 - 41 新建资源板

打开资源板文件。单击按钮后，出现如图 2 - 42 所示界面。

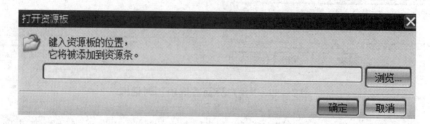

图 2 - 42 "打开资源板"对话框

打开目录作为资源板。
打开目录作为模板资源板。

打开目录作为角色资源板。

如果在"资源板"对话框中单击"清除历史记录"按钮，可清除历史记录资源板。

4. 选择参数设置

单击"首选项"→"选择"命令，打开如图 2-43 所示的"选择首选项"对话框。利用该对话框，进行以下各选项组的设置。

（1）"多选"选项组

在此选项组中，设置鼠标手势和选择规则。其中，鼠标手势可以设置为"矩形"或"套索"；选择规则的选项包括"内部""外部""交叉""内部/交叉"和"外部/交叉"，默认为"内部"选项。

（2）"高亮显示"选项组

在此选项组中，用户可以根据需要确定是否选中"高亮显示滚动选择""用粗线条高亮显示"和"高亮显示隐藏边"复选框；并可设置滚动选择的延迟时间，以及设置着色视图和面分析视图选项。

（3）"快速拾取"选项组

在此选项组中，设置是否启用延迟时快速拾取及延迟时间。

（4）"光标"选项组

在此选项组中，设置光标半径（大、中、小）及是否显示十字准线。

（5）"成链"选项组

在此选项组中，设置尺寸链的公差及成链方法（简单、WCS、WCS 左侧、WCS 右侧）。

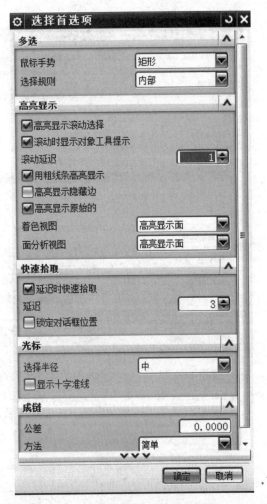

图 2-43 "选择首选项"对话框

5. 可视化设置

在菜单栏的"首选项"菜单中选择"可视化"命令，打开如图 2-44 所示的"可视化首选项"对话框。"可视化首选项"对话框中含有 9 个选项卡，即"名称/边界"选项卡、"直线"选项卡、"特殊效果"选项卡、"视图/屏幕"选项卡、"手柄"选项卡、"小平面化"选项卡、"着重"选项卡、"可视"选项卡和"颜色/字体"选项卡。利用这些选项卡分别设置图形窗口特性，包括部件渲染样式、选择和取消着重及直线反锯齿等。

例如，要更改预选部件在图形窗口中的显示颜色，可以按照如下步骤进行。

①在菜单栏的"首选项"菜单中选择"可视化"命令，打开"可视化首选项"对话框。

②切换到"颜色/字体"选项卡，如图 2-45 所示。

③在"颜色/字体"选项卡的"部件设置"选项组中，单击"预选"颜色框，弹出"颜色"对话框。

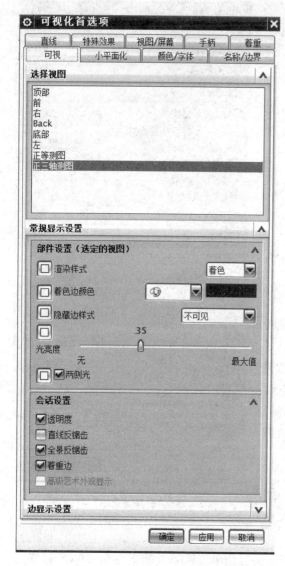

图 2-44 "可视化首选项-可视"对话框

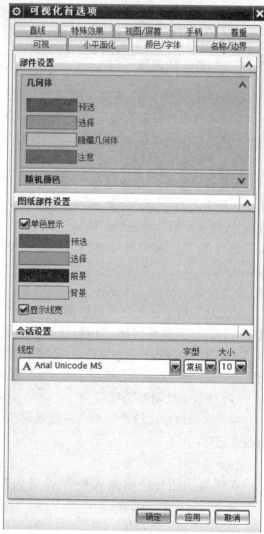

图 2-45 "可视化首选项-颜色"对话框

④在"收藏夹"颜色列表中选择所需的一种颜色，或者从"资源板"颜色列表中选择所需要的颜色。

⑤指定颜色后，在"颜色"对话框中单击"确定"按钮。

⑥在"可视化首选项"对话框中单击"确定"按钮，完成该设置。

6. 设置图形窗口背景

在菜单栏的"首选项"菜单中选择"背景"命令，弹出如图 2-46 所示的"编辑背景"对话框，利用该对话框，设置图形窗口背景特性，如颜色和渐变效果。

例如，如果要将渐变效果的绘图窗口背景改为单一的背景，则可以分别在"着色视图"选项组下和"线框视图"选项组下选中相应的"纯色"单选按钮，然后单击"普通颜色"

对应的颜色框，弹出如图 2 – 47 所示的"颜色"对话框，从中选择白色，单击"确定"按钮，然后在"编辑背景"对话框中单击"确定"按钮或"应用"按钮。

图 2 – 46 "编辑背景"对话框

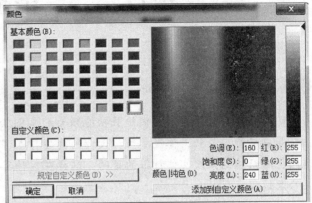

图 2 – 47 "颜色"对话框

项目三　二维草图绘制

【项目介绍】

UG NX 9.0 提供了十分便捷且功能强大的草图绘制工具。完成的草图可与拉伸、旋转、扫掠等相应特征关联，体现参数化设计的典型特点。对于一些实体特征，可以修改其相关的草图，从而达到修改实体特征的目的，这样在某种程度上可以起到提高工作效率的作用，并且修改过程直观且容易把握。

在草图绘制环境中，可以先快速绘制出大概的二维轮廓曲线，再通过施加尺寸约束和几何约束使草图曲线的尺寸、形状和方位更加精确，使草图始终符合自己的设计意图。

二维草图对象需要在某一个指定的平面（可以是坐标平面、创建的基准平面、某实体的平表面等）上进行绘制。

在零件模式下进行草图绘制的基本典型步骤简述如下：

①单击"草图"按钮，或者从菜单栏中选择"插入"→"草图"命令，打开"创建草图"对话框。通过"创建草图"对话框，指定草图平面及草图方位，单击"确定"按钮。

②在草图绘制环境下，使用各种绘图工具绘制所需要的草图。在绘制时，可以先勾画出大概的二维图形，然后标注出所需的尺寸并添加合适的几何约束。

③修改二维图，直到满意为止。

④在"草图生成器"工具栏中单击"完成草图"按钮，或者在菜单栏的"草图"菜单中选择"完成草图"命令。

任务一　熟悉二维绘图环境

任务目标 >>

1. 熟悉三维立体直角坐标系的概念及应用。
2. 熟悉草图平面设置方法。

一、三维立体直角坐标系

三维笛卡尔坐标系是在二维笛卡儿坐标系的基础上根据右手定则增加第三维坐标（即 Z 轴）而形成的。在三维坐标系中，Z 轴的正方向是根据右手定则确定的。右手定则也决定三维空间中任何一个坐标轴的旋转正方向。

要标注 X、Y 和 Z 轴的正方向，将右手伸出，拇指即指向 X 轴的正方向。伸出食指和中指，如图 3 – 1（a）所示，食指指向 Y 轴的正方向，中指所指的方向即是 Z 轴的正方向，3个手指互成 90°。

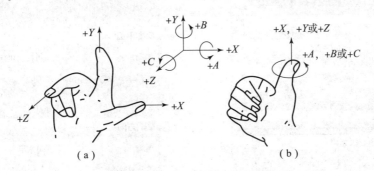

图 3 – 1　右手笛卡尔坐标系

要确定轴的旋转正方向，如图 3 – 1（b）所示，用右手的大拇指指向轴的正方向，弯曲其余 4 个手指，那么 4 个手指所指示的方向就是轴的旋转正方向。

二、草图平面设置方法

1. 草图平面概述

二维草图对象的绘制，需要在指定的草图平面上进行。草图平面是用来放置二维草图对象的平面，它可以是某一个坐标平面（如 XC – YC 平面、XC – ZC 平面、YC – ZC 平面）创建的基准平面，也可以是实体上的某一个平整面。

2. 草图平面的建立

单击 （草图）按钮，或者从菜单栏中选择"插入"→"草图"命令，打开如图 3 – 2所示的"创建草图"对话框，此时出现"选择对象作为草图平面或双击要定向的轴"的提示信息。在该对话框中，需要指定草图类型与草图方位。在"类型"下拉列表框中可以选择草图类型选项，可供选择的草图类型选项有"在平面上""基于路径"和"显示快捷方式"。其中，系统默认的草图类型选项为"在平面上"。当选择"显示快捷方式"选项时，将在该对话框中激活"在平面上"按钮和"在轨迹上"按钮，如图 3 – 3 所示。

（1）在平面上

当选择草图类型选项为"在平面上"时，需要分别定义草图平面和草图方位。

根据设计情况，在"草图平面"选项组中选择其中一种平面选项，默认的平面选项是"自动判断"。另外三种平面选项是"现有平面""创建平面"和"创建基准坐标系"。

①当选择平面选项是"现有平面"时，用户可以选择以下现有平面作为草图平面。

坐标平面，如图 3 – 4（a）所示，选择的是 XC – YC 平面。

实体平面，如图 3 – 4（b）所示，选择的是大圆的上表面。

一般默认为 XC – YC 平面。

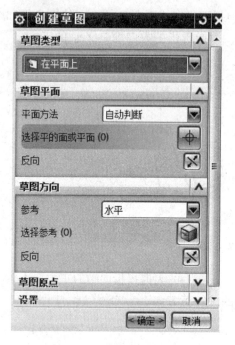

图 3 – 2　"在平面上"选项

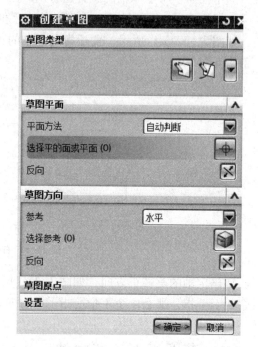

图 3 – 3　"显示快捷方式"选项

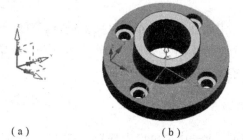

（a）　　　　　　　　　　　　（b）

图 3 – 4　现有平面为草图平面

（a）坐标平面为草图平面；（b）实体平面为草图平面

　　选择现有的平面后，系统会在该平面上高亮显示草图坐标轴，如图 3 – 4 所示。如果用户需要改变某个坐标轴的方向，可以双击相应的坐标轴。用户也可以单击"创建草图"对话框上相应的"反向"按钮，必要时，结合"草图方位"选项组中的参考选项（包括"水平"选项和"垂直"选项）进行操作，从而获得所需的草图方位，即是这个平面所放置的位置。

　　②当选择平面选项是"创建平面"时，用户可以从"指定平面"下拉列表框中选择所需要的一个按钮选项，如图 3 – 5 所示。

　　③当选择平面选项是"创建基准坐标系"时，单击"创建草图"对话框中的▨（创建基准坐标系）按钮，打开如图 3 – 6 所示的"基准 CSYS"对话框，从中选择类型选项，并

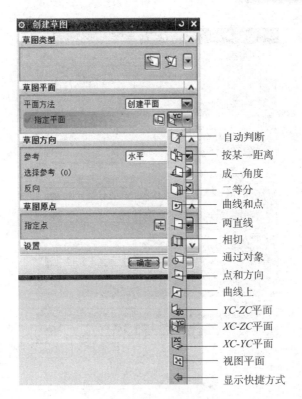

图 3-5　创建平面的相关选项

指定相应的参照来创建一个基准 CSYS。在当前"动态"情况下，可以拖动三个小圆点来旋转坐标轴，拖动坐标中心大原点来移动坐标原点。单击"基准 CSYS"对话框的"确定"按钮，返回"创建草图"对话框，系统根据指定的坐标系创建草图平面。

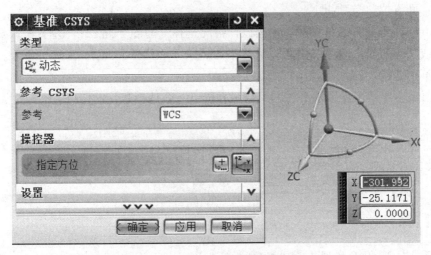

图 3-6　"基准 CSYS"对话框

（2）在轨迹上

当选择草图类型选项为"在轨迹上"时，需要分别定义路径、平面位置、平面方位和草图方向，如图 3-7 所示。

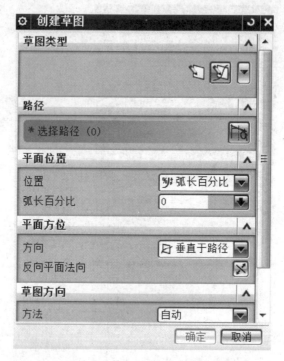

图 3 - 7 "基于路径"选项

① "路径"选项组。

（曲线）按钮处于激活状态，可以选择所需的路径。

② "平面位置"选项组。

"位置"下拉列表框中提供了"弧长""弧长百分比"和"通过点"3 个选项。

③ "平面方位"选项组。

在"方向"下拉列表框中可以根据设计情况选择"垂直于路径""垂直于矢量""平等于矢量"或"通过轴"选项，并可以设置平面法向。

④ "草图方向"选项组。

该选项组主要用于设置水平参考及草图方位。一般选择默认的即可。

任务二 二维绘图方法及编辑

任务目标 >>

1. 熟悉 UG NX 9.0 绘图工具的应用。

2. 掌握 UG NX 9.0 二维绘图的方法。

3. 掌握 UG NX 9.0 二维图形编辑。

4. 学会 UG NX 9.0 中草图参数的设置。

5. 学会 UG NX 9.0 坐标系的设置。

指定好草图平面后，进入草图设计环境，便可以使用草图曲线来绘制和编辑草图了。在 UG NX 9.0 中提供了实用的"草图曲线"工具栏。该工具栏中的常用命令基本上可以从工具栏"直接草图"中找到，还可以在"插入"菜单和"编辑"菜单中找到。

1. 绘制直线

直接在"草图工具"工具栏中单击 ✎ （直线）按钮，或者从"插入"菜单中选择"草图曲线"→"直线"命令，如图 3 - 8 所示，打开如图 3 - 9 所示的"直线"对话框，系统同样提供两种输入模式，即坐标模式和参数模式。

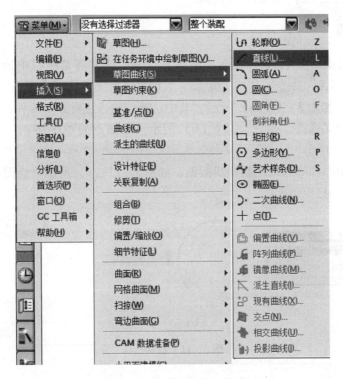

图 3 - 8 "草图曲线"工具栏

例如，在"草图工具"工具栏中单击"直线"按钮后，在"直线"对话框中，默认为 XY 坐标模式，在指定平面的绘图区域输入 XC 值为 100，然后按 Enter 键，输入 YC 值为 20，系统自动切换到 ㅂ （参数模式），分别输入长度值 40 和角度值 30，从而完成该直线的绘制，如图 3 - 9 所示。可以继续定义两点来绘制其他直线。

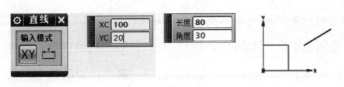

图 3 - 9 绘制直线

2. 绘制圆

单击"草图工具"工具栏中的 ◯（圆）按钮，或者在菜单栏中选择"菜单"→"插入"→"曲线"→"圆"命令，弹出"圆"对话框，如图 3 - 10 所示。系统中提供了"圆方法"和"输入模式"两个选项组，其中"圆方法"包括以下两种：

图 3 - 10 绘制圆

①通过指定中心和直径绘制圆，先选择圆心点，再直接输入直径的大小。

②通过指定圆弧上的三个点来绘制圆。

3. 绘制圆弧

单击"草图工具"工具栏中的 ⌒（圆弧）按钮，或者在菜单栏中选择"菜单"→"插入"→"曲线"→"圆弧"命令，弹出"矩形"对话框，系统提供了"圆弧方法"和"输入模式"两个选项组，如图 3 - 11（a）所示。其中，圆弧输入法有如下两种：

①通过三点定义圆弧，如图 3 - 11（b）所示。绘图点的顺序是 1，2，3，最后确定的是半径。

②通过指定中心和端点来绘制轴线圆弧，如图 3 - 11（c）所示。绘图点的顺序是 1，2，3，最后确定半径和扫掠角度。

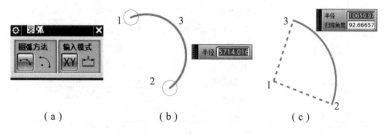

（a） （b） （c）

图 3 - 11 绘制圆弧

4. 绘制矩形

图 3 - 12 绘制矩形

单击"草图工具"工具栏中的 ▭（矩形）按钮，或者在菜单栏中选择"菜单"→"插入"→"曲线"→"矩形"命令，弹出"矩形"对话框，如图 3 - 12 所示。系统提供了"矩形方法"和"输入模式"两个选项组，其中"矩形方法"包括以下 3 种。

① ▭ 通过指定两点来创建矩形，点的顺序是 1，2，第 2 点指定宽度和高度。

② ▱ 通过三点创建矩形，点的顺序是 1，2，3，第 3 点可以输入宽度、高度、角度。

③ ▱ 从中心点创建矩形，点的顺序是 1，2，3，最先指定的是中心点。

5. 绘制点

单击"草图工具"工具栏中的"点"按钮 ＋，或者在菜单栏中选择"菜单"→"插入"→"基准/点"→"点"命令，弹出"点"对话框，如图 3-13 所示。

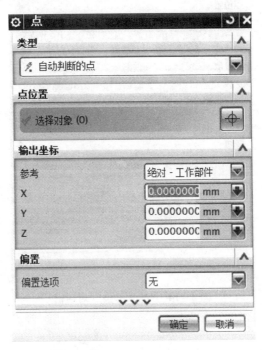

图 3-13 "点"对话框

在该对话框的"类型"下拉列表框中，提供了多种构造点的类型选项，包括"自动判断的点""光标位置""现有点""端点""控制点""交点""圆弧中心点/椭圆中心/球心""圆弧/椭圆上的角度""象限点""点在曲线/边上"和"面上的点"等。在"点"对话框的"类型"下拉列表中选择所需的点类型选项后，根据提示进行选择对象操作，以构造一个点。

6. 绘制艺术样条与拟合样条

（1）绘制艺术样条

在"草图工具"工具栏中单击"艺术样条"按钮 ，或者通过单击"菜单"→"插入"→"曲线"→"艺术样条"命令，打开如图 3-14 所示的"艺术样条"对话框。利用该对话框，可通过拖放定义点或极点并在定义处指定斜率或曲率约束，动态创建和编辑样条曲线。

在"样条设置"选项组中，可以单击"通过点"按钮或"根据极点"按钮来定义创建艺术样条。

通过依次指定若干个点创建样条曲线的示例如图 3-15 所示。

根据极点创建样条曲线的示例如图 3-16 所示。

如果在"艺术样条"对话框的"参数化"选项组中选中"封闭"复选框，则创建的样条是首尾闭合的。

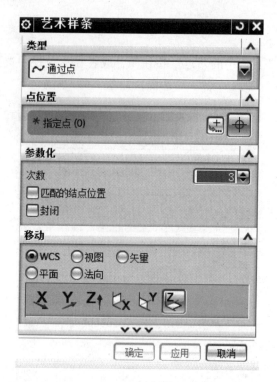

图 3-14 "艺术样条"对话框

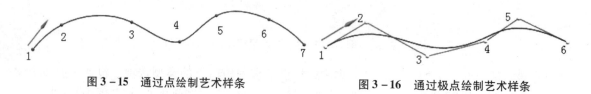

图 3-15 通过点绘制艺术样条　　　　　图 3-16 通过极点绘制艺术样条

（2）绘制拟合样条

单击"菜单"→"插入"→"曲线"→"艺术样条"命令，弹出"拟合样条"对话框，通过与指定的数据点拟合来创建样条。具体绘制时，应注意"类型"选项组中次数和段数、阶次和公差及模板曲线的应用。

首先创建多个点，包括原点在内，然后再单击"拟合样条"命令，选择"类型"选项组中的相关类型，然后单击这几个点来创建样条曲线。

7. 绘制椭圆

利用"中心"选项组的"指定点"选项设置椭圆中心，在"椭圆"对话框中分别指定大半径（长半轴）、小半径（短半轴）、限制条件和旋转角度。其中，在"限制"选项组中可以选中"封闭的"复选框，以创建完整的封闭椭圆；如果取消选中"封闭的"复选框，则需要设置椭圆起始角与终止角，单击"确定"按钮，完成椭圆的创建。

8. 绘制圆角

可以在两条或三条曲线之间创建圆角，创建圆角的方法及步骤如下：

①在"草图工具"工具栏中单击"圆角"按钮，或单击"菜单"→"插入"→"曲线"→"圆角"命令，打开如图 3-17 所示的"圆角"对话框。

②在"圆角方法"选项组中指定圆角方法为"修剪"或"取消修剪"，并可以根据需要设置圆角选项。其中，按钮用于删除第三条线，按钮用于创建备选圆角。

③选择放置圆角对象，可以通过在出现的"半径"文本框中输入圆角半径值进行圆角绘制，如图 3-18 所示。

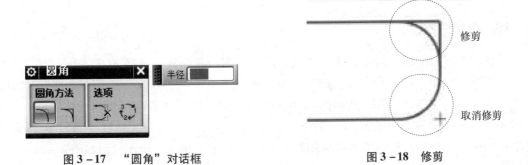

图 3-17　"圆角"对话框

图 3-18　修剪

除了可以在相交曲线之间创建圆角外，还可以在两条平行直线之间创建圆角。在创建圆角时，设置圆角的方法是"修剪"，选择两条平行直线，在所需的位置处单击，以放置圆角。

9. 修剪、延伸与制作拐角

在草图绘制模式下的"菜单"→"编辑"→"曲线"级联菜单中，提供了实用的"快速修剪""快速延伸"和"制作拐角"命令。使用"快速修剪"命令可以任一方向将曲线修剪至最近的交点或选定的边界；使用"快速延伸"命令可以将曲线延伸至另一临近曲线或选定的边界；使用"制作拐角"命令则延伸或修剪两条曲线以制作拐角。

（1）快速修剪

使用"快速修剪"命令可以很方便地将曲线不需要的部分删除，如图 3-19 所示，从左至右，先删除直线左端，再删除圆下部，最后删除直线右部。

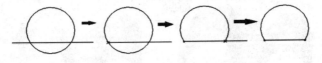

图 3-19　快速修剪过程

（2）快速延伸

使用"快速延伸"命令，可以将选定曲线延伸至另一临近曲线或选定的边界。单击时，鼠标要靠近延伸的端点，同时也要注意所选的要延伸的曲线必须要和另一曲线有交点，如图 3-20 所示。

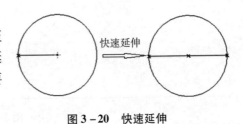

图 3-20　快速延伸

（3）制作拐角

使用"制作拐角"命令，可以延伸或修剪两条曲线来制作拐角，先选择左边两条线，可以通过修剪来制作拐角，再单击下方两条线，用延伸法制作拐角。如图 3 - 21 所示。

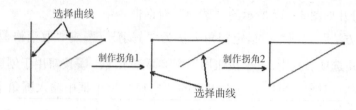

图 3 - 21　制作拐角

10. 相交曲线

要在面与草图平面之间创建相交曲线，进入草图绘制模式，选择 *XOY* 平面，在"草图工具"工具栏中单击"相交曲线"按钮，或者单击"菜单"→"插入"→"草图曲线"→"相交曲线"命令，弹出如图 3 - 22 所示的"相交曲线"对话框。接着选择要相交的曲面，该曲面与 *XOY* 平面具有 4 条相交曲线，那么可以单击"循环解"按钮来选择一条需要的曲线，这个示例中有 4 个解，然后单击"应用"按钮或"确定"按钮。操作过程如图 3 - 23 所示。

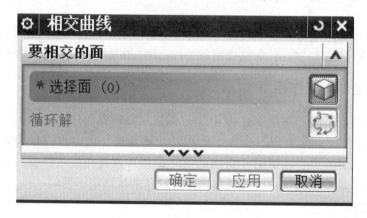

图 3 - 22　"相交曲线"对话框

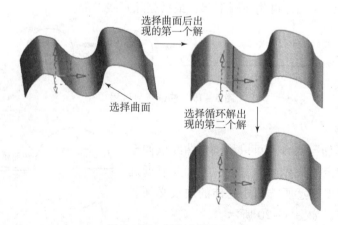

图 3 - 23　相交曲线实例

11. 投影曲线

单击"投影曲线"按钮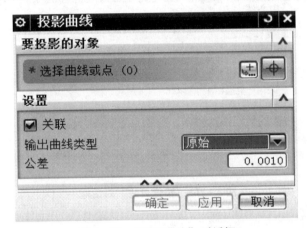，如图 3 - 24 所示，在"投影曲线"对话框中需要设置两方面内容：一是指定要投影的对象；二是设置关联性、输出曲线类型和公差。输出曲线类型中的 3 个输出类型的功能如下。

"原先的"：设置输出的曲线类型和选取的投影曲线类型相同。此为默认设置。

"样条段"：设置输出的曲线是由一些样条段组成的。

"单个样条"：设置输出的曲线为单独的一条样条曲线。

设置好曲线输出类型后，还应该根据设计需要在"公差"文本框中输入适当的公差，则系统将根据用户的公差来决定是否将投影后的某些曲线连接起来。

图 3 - 24　"投影曲线"对话框

12. 偏置曲线

"偏置曲线"是指按照一定的方式偏置于草图平面上的曲线链。在"草图工具"工具栏中单击"偏置曲线"按钮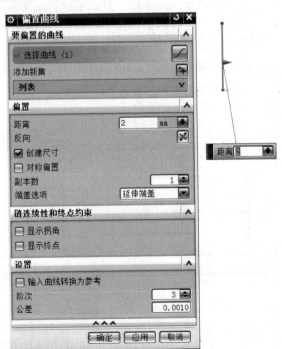，或者通过单击"菜单"→"插入"→"派生的曲线"→"偏置"命令，打开"偏置曲线"对话框，如图 3 - 25 所示。具体操作步骤为：

①选择要偏置的曲线，设置偏置距离，出现曲线向两边同时偏的情况，即是对称偏置。取消勾选"对称偏置"，则只向一边偏置。双击箭头或者改变偏置距离的正负号，即可改变偏置方向。

②如果单击"添加新集"按钮，则可以选择第二条的曲线作为第二组要偏置的曲线。对于不理想或不需要的曲线组，可以单击"移除"按钮移除。

图 3 - 25　"偏置曲线"对话框

13. 镜像曲线

"镜像曲线"是指通过现有草图直线创建几何图形，并将此镜像直线转化为参考直线。通常使用该方法来完成一些关于某条轴线对称的图形。在"草图工具"工具栏中单击"镜像曲线"按钮 ，或者单击"菜单"→"插入"→"草图曲线"→"镜像曲线"命令，弹出如图 3-26 所示的"镜像曲线"对话框。

图 3-26 "镜像曲线"对话框

一般方法步骤如下：

①选择要镜像的曲线，可以采用指定对角点的框选方式选择多条曲线。

②选择中心线定义镜像中心线。

③在"设置"组中设置是否转换要引用的中心线（默认转换为中心线）。

④在"镜像曲线"对话框中单击"确定"按钮或"应用"按钮。

镜像曲线的示例如图 3-27 所示。

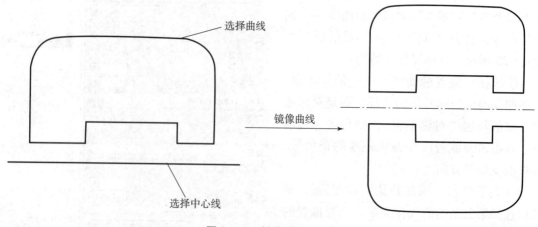

图 3-27 镜像曲线示例

14. 派生直线

"派生直线"是指在两条平行直线中间创建一条与这两条直线平行的直线，或者在两条不平行的直线之间创建一条平分线。在"草图工具"工具栏中单击"镜像曲线"按钮，或者单击"菜单"→"插入"→"草图曲线"→"派生直线"命令（不会弹出对话框，直接操作）。

（1）在两条平行直线中间创建一条与这两条直线平行的直线

①选择第一条参考直线。

②选择第二条平行的参考直线。

③系统在两条平行的参考直线中间显示一条中线，接着指定中线长度。如果在上述步骤②中没有选择第二条参考直线，而是通过指定偏距来创建与参考直线平行的直线，可以连续创建多条派生直线。如图3－28所示。

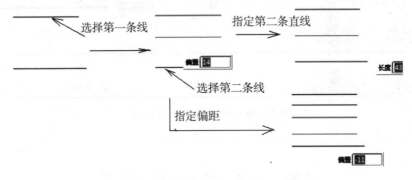

图3－28　平行线间创建派生直线示例

（2）在两条不平行直线间创建一条平分线

①选择其中一条直线作为参考直线。

②选择另外一条非平行直线作为第二条参考直线。

③指定角平分线长度，如图3－29所示。

图3－29　非平行线间创建派生直线示例

15. 阵列曲线

阵列曲线命令把现有图形按照一定的形状和距离要求创建多个副本。在"草图工具"工具栏中单击"阵列曲线"按钮，或者单击"菜单"→"插入"→"草图曲线"→"阵列曲线"命令，弹出如图3－30所示的"阵列曲线"对话框。其中"布局"这一选项代表的是要创建的副本草图排布方式，包含了"线性""圆""常规"。阵列曲线具体操作：选择要阵列的曲线，选择需要的布局方式，对"数量"等参数进行设置。

图 3－30 "阵列曲线"对话框

任务三　二维约束的使用

任务目标 >>

1. 熟悉 UG NX 9.0 图形约束工具调用。
2. 掌握 UG NX 9.0 二维绘图约束应用。
3. 掌握 UG NX 9.0 二维图形约束显示与移除。

草图的轮廓曲线绘制好了后，往往还需要对其进行添加约束等操作，以准确表达设计意图。草图约束主要包括尺寸约束和几何约束。

一、尺寸约束

尺寸约束用于精确控制草图对象的尺寸大小等，可以通过工具栏"直接草图"中的尺寸约束打开，也可以通过单击"菜单"→"插入"→"草图约束"→"尺寸"来调用命令，包括快速尺寸、线性、径向、角度和周长等。

1. 快速尺寸

快速尺寸是系统默认的尺寸类型。该类型的尺寸是通过基于选定的对象和光标的位置自动判断尺寸类型来创建的。

　　在草图绘制模式下，单击"快速尺寸"按钮 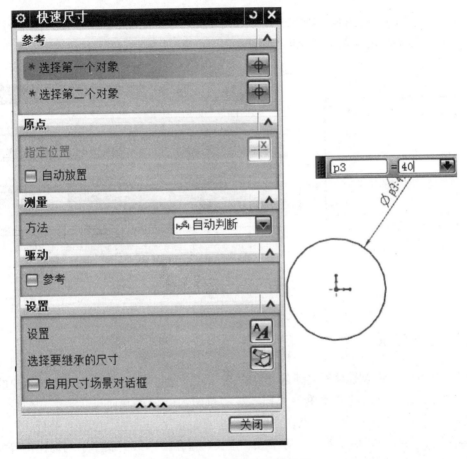，接着选择草图对象，则系统会根据所选的不同草图对象，自动判断可能要施加的尺寸约束，然后指定尺寸放置位置等即可。例如，选择的草图对象是一个圆时，系统自动判断其尺寸为直径尺寸，在预定放置位置处单击鼠标左键，弹出尺寸表达式文本框，如图 3 – 31 所示，然后在该文本框中输入合适的数值，如 40，按 Enter 键确认，即可修改并完成该直径尺寸约束。

图 3 – 31　"快速尺寸"示例

2. 线性尺寸

　　这类的尺寸标注很简单，就是在执行命令后，选择一条直线或两个点或者两条线，指定尺寸放置位置并修改尺寸值即可。标注有水平尺寸、竖直尺寸、两直线间的水平尺寸和垂直尺寸。

3. 径向尺寸

　　径向尺寸用来标注圆或圆弧。通常圆采用标注直径尺寸，小于180°的圆弧标注半径尺寸。选择要标注的圆，单击鼠标左键放置尺寸，通过出现的尺寸表达式文本框设置直径值。

4. 角度尺寸

角度尺寸可以在两条直线之间创建角度约束。分别在两条组成角的直线上单击，然后移动鼠标光标至合适位置处单击，出现尺寸表达式文本框，设置所要的角度值，然后按 Enter 键确认即可。

5. 周长尺寸

选择构成周长的所有曲线，则系统计算出其周长尺寸。如图 3 – 32 所示，图中的周长尺寸为 370 mm，该周长由 4 条边线长度组成。

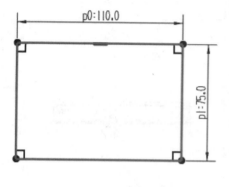
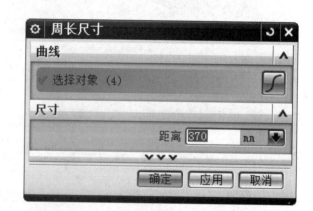

图 3 –32 "周长尺寸"示例

二、几何约束

几何约束用来定义草图对象之间的相互关系，可以通过工具栏"直接草图"中的"几何约束"打开，也可以通过"菜单"→"插入"→"草图约束"→"几何尺寸"调用命令，如图 3 –33 所示。约束关系包括重合、点在曲线上、中点、水平、垂直、竖直、平行、同心、固定、完全固定、共线、相切、等长、等半径、定长、定角、曲线的斜率、均匀比例等。根据需求选择约束类型，按提示选择约束对象即可。

1. 几何约束的显示

在"直接草图"工具栏"更多"下单击"显示草图约束"按钮，可以对是否显示几个约束进行设置，如图 3 –34 所示。图 3 –34 （a）为显示草图几何约束的效果，包括重合、垂直、水平约束和竖直约束，图 3 –34 （b）则为不显示草图几何约束的效果。

2. 显示/移除约束

在"草图工具"工具栏中单击"显示/移除约束"按钮，打开如图 3 –35 所示的"显示/移除约束"对话框。利用该对话框可显示与选定的草图几何图形关联的几何约束，也可以移除所有这些约束或者列出的信息。

图 3 – 33 "几何约束"对话框

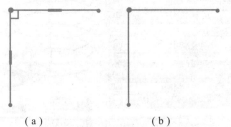

（a）　　　　　　　　　　　　（b）

图 3 – 34 "显示几何约束"示例

（a）显示几何约束；（b）不显示几何约束

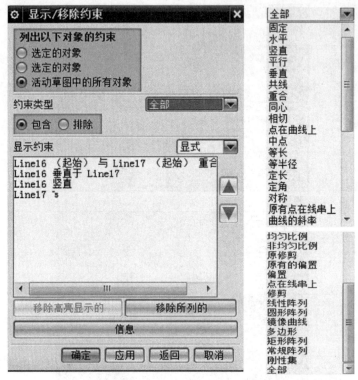

图 3 – 35　"显示/移除约束"对话框

三、螺旋线

这是一种空间曲线，通过单击"菜单"→"插入"→"曲线"→"螺旋线"来打开"螺旋线"对话框，按照图 3 – 36 所示的数据进行设置。然后在"点构造器"中创建螺旋线的底面中心点，结果如图 3 – 36 所示。

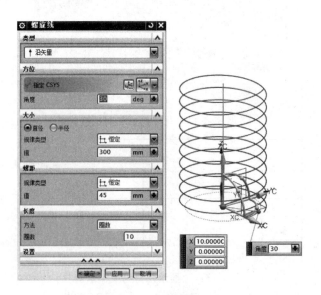

图 3 – 36　"螺旋线"示例

任务四 综合练习

任务目标 >>

1. 掌握平面的建立。
2. 掌握二维图形线条绘制方法。
3. 掌握二维图形约束的使用。

一、挂钩轮廓图绘制

挂钩轮廓图如图 3-37 所示。其绘制过程如下。

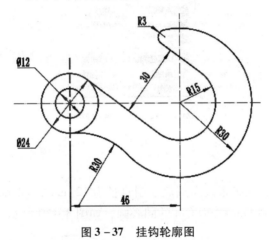

图 3-37 挂钩轮廓图

1. 新建一个文件

①启动 NX 9.0 命令，系统进入 UG NX 9.0 软件环境。

②新建文件。

③在"新建"对话框的 模板 选项中选取模板类型为 模型，在"名称"文本框中输入文件名为"guagou"，然后单击"确定"按钮。

2. 创建草图

打开"创建草图"对话框，选择 XY 平面为草图平面，系统进入草图环境。

3. 绘制参考线

选择下拉菜单 插入(S) → 曲线(C) → 轮廓(O)... 命令，绘制直线，长度为 46 mm；然后右键单击所画直线，弹出如图 3-38 所示菜单，选择 转换为参考 。

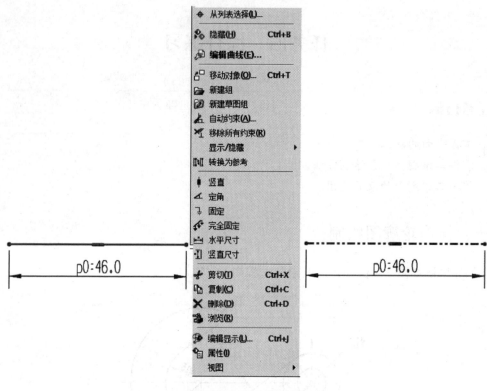

图 3 – 38　绘制参考线

4. 绘制同心圆

　　打开"圆"对话框，在参考线左端点绘制直径为 12 mm 和 24 mm 的同心圆；然后在参考线右端点绘制直径为 30 mm 和 60 mm 的同心圆，如图 3 – 39 所示。

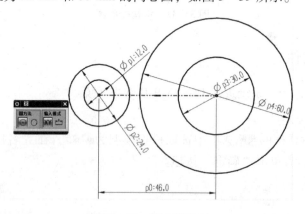

图 3 – 39　同心圆绘制

5. 绘制公切线

　　打开"直线"对话框，单击"显示草图约束"符号 ⚟，然后单击直径为 ϕ24 mm 外圆，待出现"相切"符号 ⚬ 时，鼠标单击 ϕ30 mm 外圆处，即可画出公切线，如图 3 – 40 所示。

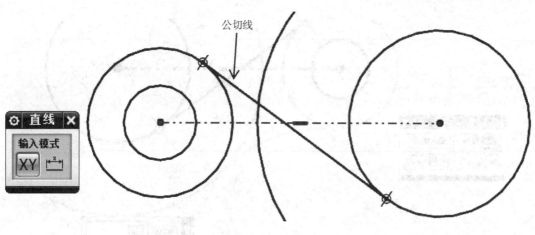

图 3 - 40　公切线绘制

6. 绘制等距线

打开"直线"对话框，单击直径为 ϕ30 mm 外圆，待同时出现"相切"符号 ⌒ 和"平行"符号 // 时，鼠标单击空白处，即可画出公切线的等距线，距离为 30 mm，如图 3 - 41 所示。

7. 绘制圆角

打开"圆角"对话框，单击选择等距线和直径为 ϕ60 mm 的外圆，输入圆角半径 3 mm，单击左键确定，如图 3 - 42 所示。

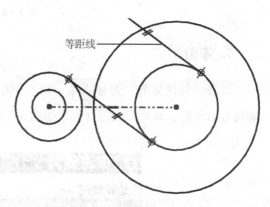

图 3 - 41　等距线绘制

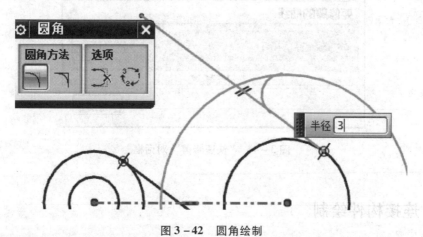

图 3 - 42　圆角绘制

8. 绘制相切圆

打开圆弧命令，单击选择直径为 ϕ24 mm 的外圆低端顶点，输入圆弧半径 30 mm，移动鼠标至直径为 ϕ60 mm 的外圆处，待出现"相切"符号 ⌒ 时，单击左键确定，如图 3 - 43 所示。

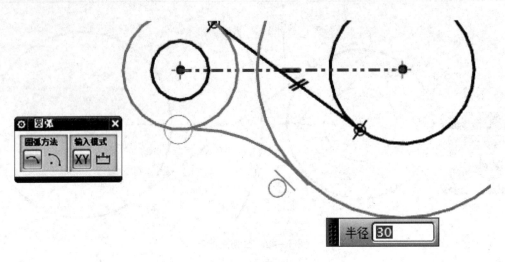

图 3 - 43　圆弧绘制

9. 修剪

单击"快速修剪"符号 ，弹出"快速修剪"对话框，如图 3 - 44 所示。单击选择需要修剪的线段，修建完成后，形成如图 3 - 45 所示图形。

图 3 - 44　"快速修剪"对话框

二、连接构件绘制

连接构件如图 3 - 46 所示。其绘制过程如下。

1. 新建一个文件

①系统进入 UG NX 9.0 软件环境。

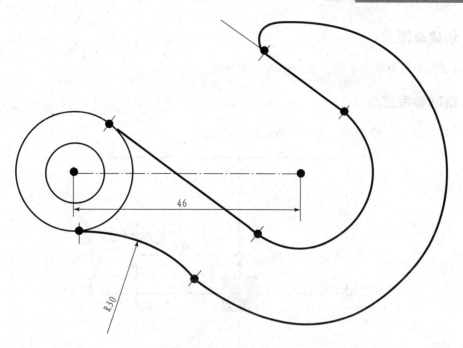

图 3 - 45　钩图形

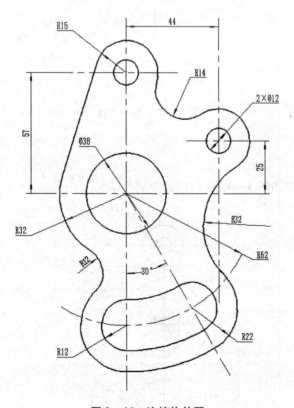

图 3 - 46　连接构件图

②在"新建"对话框的 模板 选项中选取模板类型为 模型，在"名称"文本框中输入文件名为"lianjiegoujian"，然后单击"确定"按钮。

2. 创建草图

选择 XY 平面为草图平面，系统进入草图环境。

3. 绘制参考直线

启动轮廓命令，绘制如图 3－47 所示的参考直线。

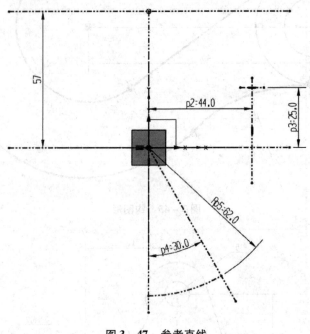

图 3－47　参考直线

4. 绘制圆

启动圆命令，绘制如图 3－48 所示的圆及同心圆。

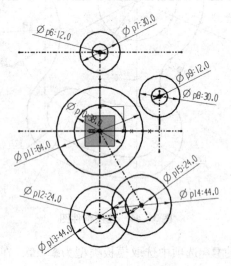

图 3－48　圆的绘制

5. 绘制圆弧

启动圆弧命令，绘制如图 3 – 49 所示的圆弧段。

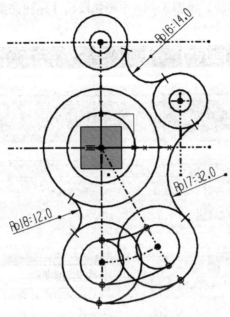

图 3 – 49　圆弧段的绘制

在绘制圆弧段时，需要添加几何约束。单击"显示草图约束"按钮和"几何约束"按钮，系统弹出图 3 – 50 所示的"几何约束"对话框，单击按钮，选取图 3 – 49 所示的两个圆弧和圆，则在圆弧和圆之间添加图 3 – 50 所示的"相切"约束。参照此步骤可以完成图 3 – 49 中的其他相切约束。

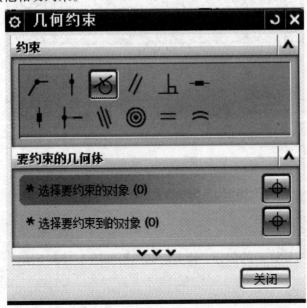

图 3 – 50　"几何约束"对话框

6. 尺寸约束

标注半径尺寸，在"径向尺寸"对话框（图 3 – 51）的测量方法中选择"径向"，标注相应的圆弧尺寸。参照此方法，将图 3 – 49 中圆弧段尺寸标注完整。

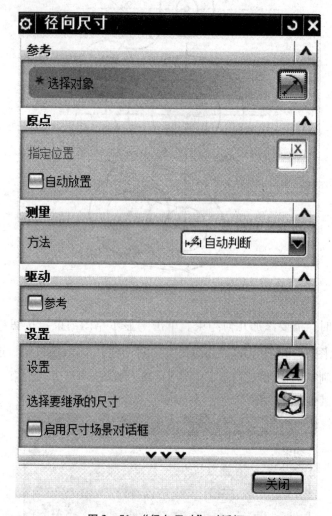

图 3 – 51　"径向尺寸"对话框

7. 绘制公切线

调用"直线"命令，绘制如图 3 – 52 所示公切线。

8. 修剪曲线

选取图 3 – 52 中需要修剪的部分，修剪后的图形如图 3 – 53 所示。

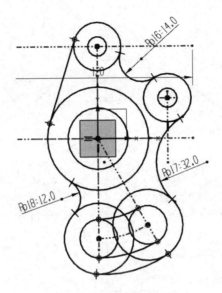

图 3 – 52 公切线的绘制

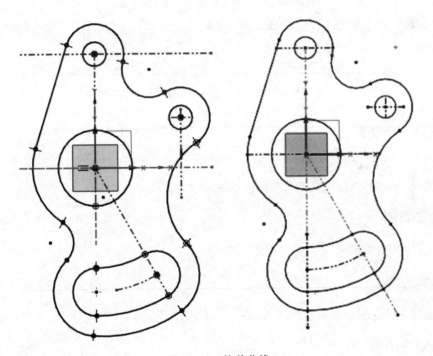

图 3 – 53 修剪曲线

三、异形图绘制

本任务主要绘制异形图，详细介绍草图的绘制、编辑和标注过程，镜像及修剪等特征，重点在于对简单特征的综合应用，如图 3 – 54 所示。其绘制过程如下。

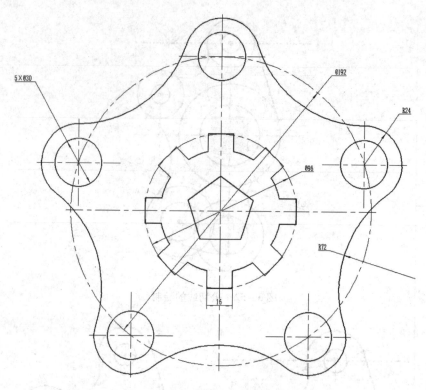

图 3 – 54　异形图一（五边形内接圆半径为 17）

1. 新建一个文件

①启动 UG NX 9.0。
②新建一个名为"yixingtuyi"的模型文件。

2. 创建草图

选择 *XY* 平面为草图平面，进入草图环境。

3. 绘制参考线

绘制如图 3 –55 所示参考直线。

4. 绘制五边形

在"直接草图"中选择"多边形"命令 ⊙，弹出"多边形"对话框。中心点选取图 3 –55 中的圆心点，输入五边形参数，如图 3 –56 所示。

5. 绘制圆及凸起

绘制直径为 ϕ76 mm 的圆，如图 3 – 57（a）所示。然后绘制图 3 – 57（b）所示的凸起。

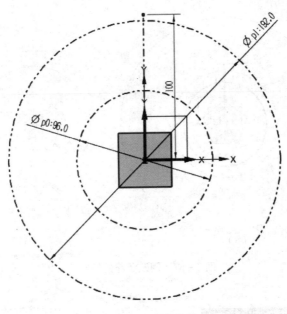

图 3-55　参考直线

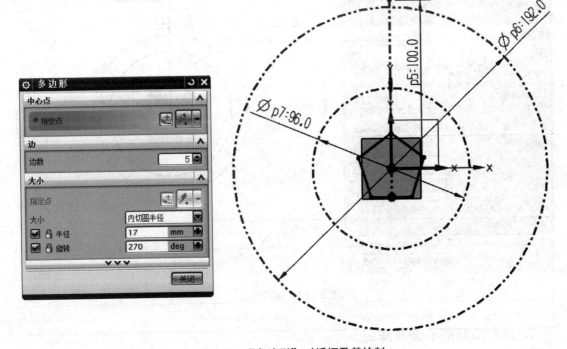

图 3-56　"多边形"对话框及其绘制

6. 阵列凸起

调用"阵列曲线"命令，弹出"阵列曲线"对话框。选取要阵列的凸起，在"阵列定义"中选择"圆形"布局，指定旋转点为凸起所在圆的圆心，输入数量和跨角为 8 和 360，如图 3-58 所示。

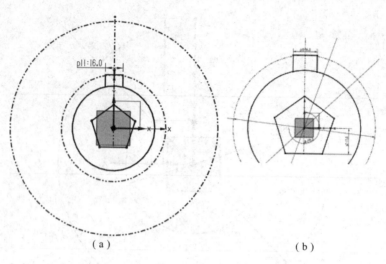

（a）　　　　　　　　　　　　　（b）

图 3 - 57　圆及凸起的绘制

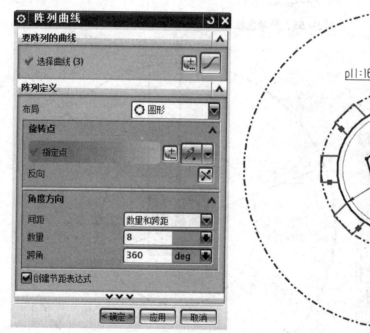

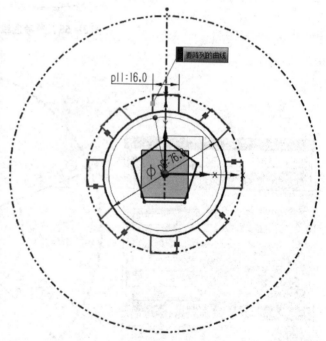

图 3 - 58　阵列凸起

7. 绘制顶部同心圆及阵列

　　绘制直径分别为 $\phi30$ mm 和 $\phi48$ mm 的同心圆，如图 3 - 59（a）所示。然后，对同心圆进行阵列，选取已绘制的同心圆，在"阵列定义"中选择"圆形"布局，指定旋转点为同心圆所在圆的圆心，输入数量和跨角为 5 和 360 度，如图 3 - 59（b）所示。

　　单击"确定"按钮，即可完成凸起的阵列，如图 3 - 60 所示。

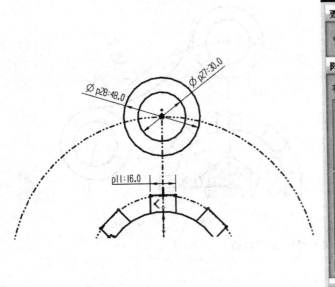

（a）　　　　　　　　　　　　（b）

图 3-59　同心圆及"阵列曲线"对话框

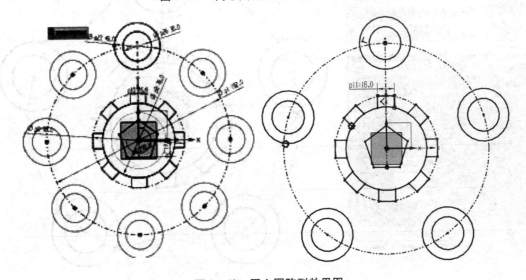

图 3-60　同心圆阵列效果图

8. 绘制圆弧及阵列

打开"圆弧"命令，依次单击相邻两个外圆直径为 $\phi48$ mm 的圆，输入半径为 72 mm。将此圆弧约束为和这两个圆分别相切，如图 3-61（b）所示。

打开"阵列曲线"对话框。选取已绘制的圆弧，在"阵列定义"中选择"圆形"布局，指定旋转点为同心圆所在圆的圆心，输入数量和跨角为 5 和 360 度，如图 3-62 所示。完成圆弧的阵列。

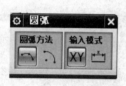

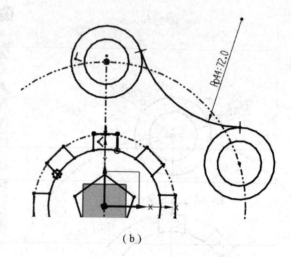

（a）   （b）

图 3 – 61　圆弧绘制

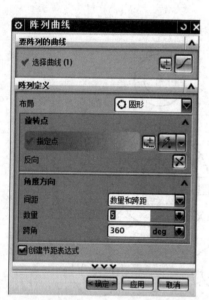

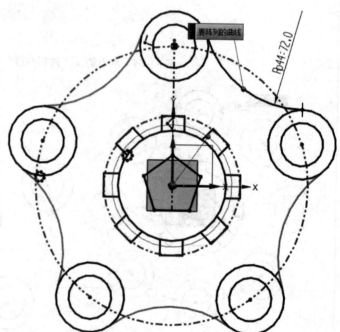

图 3 – 62　圆弧的阵列

9. 修剪曲线

选取图 3 – 62 中需要修剪的部分，修剪后的图形如图 3 – 63 所示。

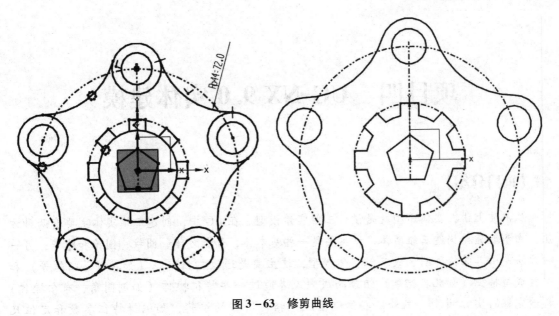

图 3 – 63 修剪曲线

项目四 UG NX 9.0 实体建模

【项目介绍】

从本质上讲，实体造型就是设计三维实体模型。在 UG 中，创建三维实体主要有两种方法：由参数直接构造三维实体，这主要是一些基本体，如长方体、圆柱、圆锥和球等；另一种方法是由二维轮廓图生成三维实体模型，这主要是通过扫描特征（如拉伸、回转等）和一些成型特征（如孔、槽等）组合而成，或者通过一些特征操作（如倒圆角、布尔操作）构造完整的实体模型。另外，实体造型还包括对特征的编辑，如编辑特征参数和定位尺寸等。

UG NX 9.0 提供了强大的特征建模功能。使用这些特征建模功能，用户可以创建所需的基准特征（如基准平面、基准轴和基准 CSYS 等）、体素特征（如长方体、圆柱体、圆锥体和球体等）、基本成形设计特征（如孔、凸台、腔体和键槽）。该软件还可以在原有特征的基础上，对相关特征进行修改或编辑等操作，从而获得所需的模型。特征操作的典型内容包括细节特征设计（如边倒角、面倒角、倒斜角和拔模等）、抽壳、特征布尔运算（包括求和、求差和求交）和关联复制（包括实例特征、镜像特征、镜像体、抽取和引用几何体）等。

任务一 UG NX 9.0 基准特征创建

【任务目标】>>

1. 了解 UG NX 9.0 的常用术语。
2. 掌握基准特征的创建。

一、UG NX 9.0 的常用术语

➤ 体：分为实体和片体两大类。
➤ 片体：一个或多个没有厚度概念的面的集合。
➤ 实体：形成封闭体积的面和边缘的集合。
➤ 面：由边缘封闭而成的区域。面可以是实体的表面，也可以是片体。
➤ 体素特征：基本的解析形状实体，包括长方体、圆柱、圆锥和球。

➢ 特征：具有一定的几何、拓扑信息，以及功能和工程语义信息组成的集合，是定义产品模型的基本单元，例如孔、凸台等。

➢ 截面线：用于定义扫描特征截面的曲线，可以是曲线、实体边缘、草图曲线。

➢ 引导线：定义扫掠操作的路径的曲线。

二、基准特征的创建

该特征包括基准平面、基准轴和基准坐标系，如图 4 - 1 所示。

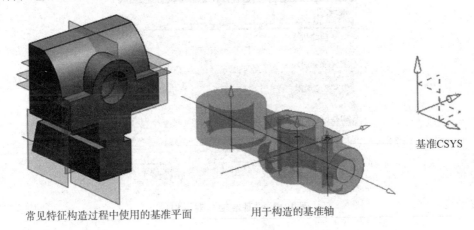

常见特征构造过程中使用的基准平面　　用于构造的基准轴　　基准CSYS

图 4 - 1　基准特征

1. 基准平面

在设计过程中，时常需要创建一个新的基准平面，用来建立基准平面，作为建模中的辅助工具。在"特征"工具栏中单击 ▱ （基准平面）按钮，或者单击"菜单"→"插入"→"基准/点"→"基准平面"命令，打开如图 4 - 2 所示的"基准平面"对话框。接着根据设计需要，指定类型选项、参照对象、平面方位和关联设置，即可创建一个新的基准平面。创建方法参考草图平面的创建。

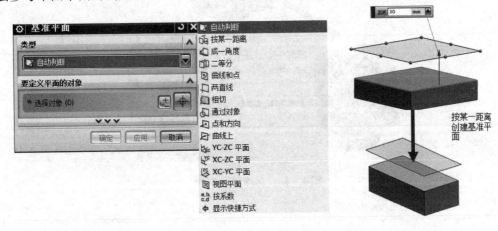

图 4 - 2　基准平面

2. 基准轴

在构造某些特征时，可能需要准备一条合适的基准轴，当创建其他对象（如基准平面、回转特征和拉伸体）时，可以将该基准轴用作参考。在"特征"工具栏中单击 🔲（基准轴）按钮，或者单击"菜单"→"插入"→"基准/点"→"基准轴"命令，打开如图 4-3 所示的对话框。

图 4-3 "基准轴"对话框

在"类型"下拉列表框中选择所需要的一个类型选项，如"自动判断""交点""曲线/面轴""曲线上矢量""XC 轴""YC 轴""ZC 轴""点和方向"和"两点"等，系统默认选项为"自动判断"。在"轴方位"中可以改变基准轴的方向。图 4-4 所示为两点建立基准轴。

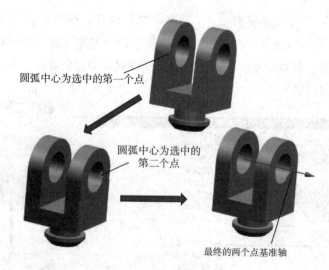

圆弧中心为选中的第一个点

圆弧中心为选中的第二个点

最终的两个点基准轴

图 4-4 "基准轴"实例

3. 基准 CSYS

通过此命令可以创建关联的基准坐标系。在"特征"工具栏中单击 ⬙（基准轴）按钮，或者单击"菜单"→"插入"→"基准/点"→"基准 CSYS"命令，打开"基准 CSYC"对话框。图 4 – 5（c）所示为使用"原点，X 点，Y 点"法创建的基准坐标系。

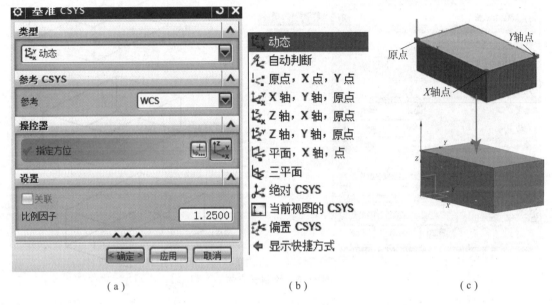

（a）　　　　　　　　　　（b）　　　　　　　　　　（c）

图 4 – 5　"基准轴"实例

任务二　UG NX 9.0 的实体特征

🐾 任务目标 >>

1. 掌握 UG NX 9.0 基本体素特征。
2. 掌握 UG NX 9.0 成形特征。
3. 掌握 UG NX 9.0 扫描特征。

一、UG NX 9.0 的基本体素特征

体素特征是基本解析形状的实体，包括长方体、圆柱、圆锥和球。它可以用作实体建模初期的基本形状。该特征通过"菜单"→"插入"→"设计特征"打开。

1. 长方体

打开如图 4 – 6 所示的"长方体"对话框。在该对话框的"类型"选项组的下拉列表框中，提供了长方体特征的 3 种创建类型，即"原点和边长"类型、"二点和高度"类型和

"两个对角点"类型。指定类型选项并定义相关的参照及尺寸等内容后，在"预览"选项组中单击 🔍（显示结果）按钮，则可以在绘图区域查看长方体预览效果，此时如果想取消预览结果，则可以单击出现的 ↻（撤销结果）按钮。

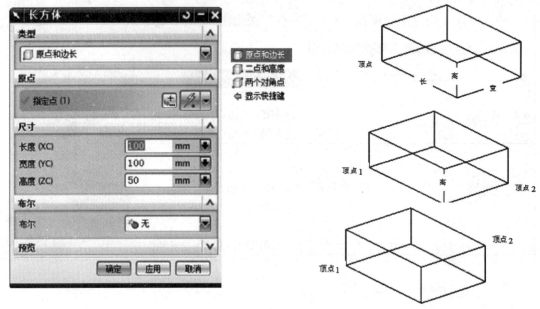

图 4 - 6　绘制长方体

2. 圆柱体

打开"圆柱"对话框。该对话框的"类型"下拉列表框中提供了两种创建圆柱体的方式选项，即"轴、直径和高度"和"圆弧和高度"，如图 4 - 7 所示。

图 4 - 7　"圆柱"对话框

3. 圆锥体

打开如图 4 - 8 所示的"圆锥"对话框。该对话框的"类型"下拉列表框中提供了多种创建圆锥体的方式，即"直径和高度""直径和半角""底部直径，高度和半角""顶部直径，高度和半角"和"两个共轴的圆弧"。

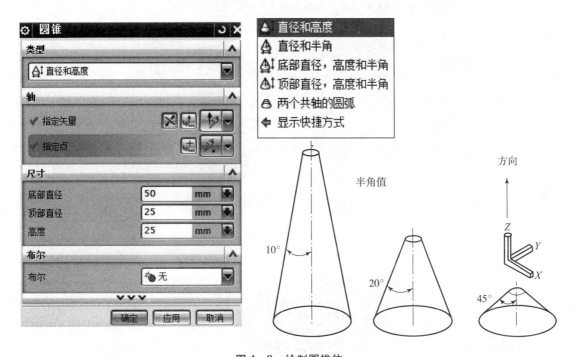

图 4 - 8　绘制圆锥体

4. 球体

打开"球"对话框。该对话框的"类型"下拉列表框中提供了创建球体的两种方式，即"中心点和直径"和"圆弧"，如图 4 - 9 所示。

二、UG NX 9.0 的成形特征

成形特征包括孔、凸台、腔体、垫块、凸起、键槽和坡口焊等。创建成型特征需要注意以下事项：

（1）安放表面和水平参考

安放表面通常是选择已有实体的表面，如果没有平表面可用作安放面，可以使用基准平面作为安放面。水平参考定义特征坐标系的 X 轴。任一可投射到安放表面上的线性边缘、平表面、基准轴或基准面均可被定义为水平参考。如图 4 - 10 所示。

（2）定位尺寸

在成形特征创建过程中，都会有特征的定位方式。定位尺寸是沿安放面测量的距离值，

图4-9 "球"对话框

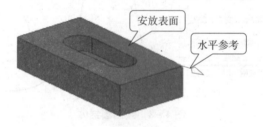

图4-10 安放表面和水平参考

它们用来定义设计特征到安放表面的正确位置。常用的定位方式如图4-11所示。

（3）通用步骤

单击"成形特征"命令，选择子类型（如孔有简单孔、沉头孔和埋头孔，腔有圆形腔、矩形腔和通用腔），选择安放表面，选择"水平参考"（此为可选项，用于有长度参数值的成形特征），选择"过表面"（此为可选项，用于通孔和通槽），加入特征参数值，定位设计特征。

1. 孔

通过此命令可以在部件或装配中添加常规孔、钻形孔、螺钉间隙孔、螺纹孔及孔系列。

（1）常规孔

通过此选项，可以创建指定尺寸的"简单""沉头""埋头"或"锥形"特征，如图4-12所示。

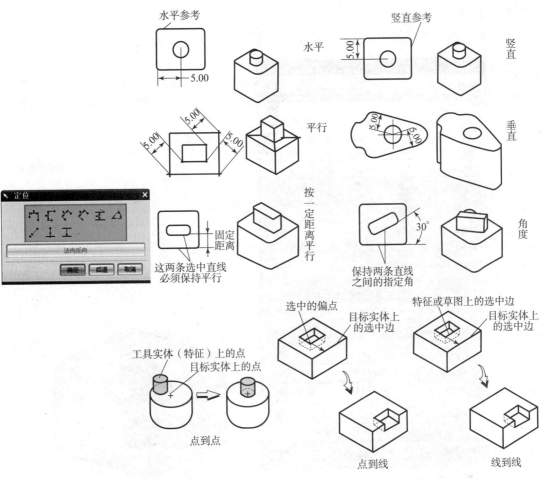

图 4 – 11　定位尺寸

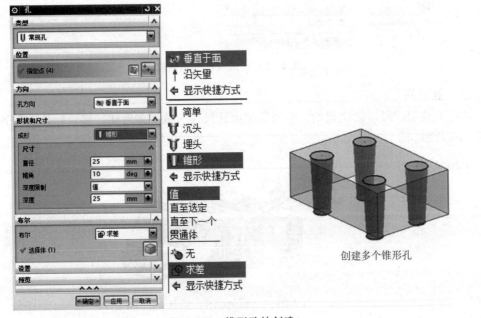

图 4 – 12　锥形孔的创建

（2）螺纹孔

通过此选项，可以创建具有退刀槽的螺纹孔特征，如图 4 – 13 所示。

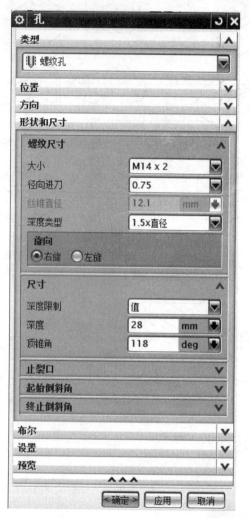
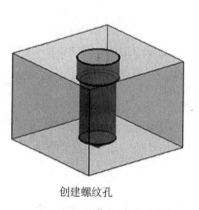

创建螺纹孔

图 4 – 13　"螺纹孔"的创建

（3）孔系列

通过此选项，可以创建起始、中间和结束孔尺寸一致的多形状、多目标体的对齐孔，如图 4 – 14 所示。

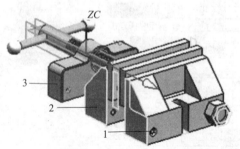

1—起始孔；2—中间孔；3—结束孔。

图 4 – 14　"孔系列"的创建

2. 凸台

通过此命令，可以在平的表面或基准平面上创建凸台。创建后，凸台与原来的实体加在一起成为一体，如图 4-15 所示。

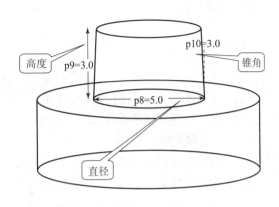

图 4-15　"凸台"的创建

3. 垫块（凸垫）

通过此命令，可以在一个已经存在的实体上建立一矩形凸垫或通用凸垫，如图 4-16 所示。

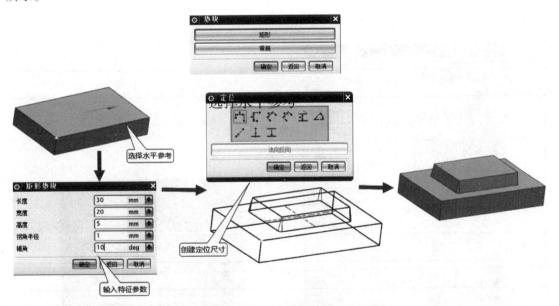

图 4-16　"垫块"的创建

4. 腔体（刀槽）

通过此命令，可以在已经存在的实体上建立一个型腔。可以创建"圆柱形""矩形"和"常规"型腔。

5. 坡口焊（割槽）

通过此命令，可以在圆柱体或锥体上创建一个外沟槽或内沟槽，就好像一个成形刀具在旋转部件上向内（从外部定位面）或向外（从内部定位面）移动，如同车削操作一样。

6. 键槽

通过此命令，可以创建一个直槽的通道穿透实体或通到实体内。在当前目标实体上自动执行求差操作。所有槽类型的深度值沿垂直于平面放置面的方向测量。打开"键槽"对话框，如图 4 – 17 所示，键槽可以按形状分为"矩形槽""球形端槽""U 形槽""T 形键槽"和"燕尾槽"。其中根据键槽是否打通来确定是否勾选"通槽"。

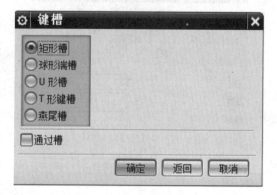

图 4 – 17　"键槽"对话框

7. 三角形加强筋

通过此命令，可以沿着两个面集的相交曲线来添加三角形加强筋特征，如图 4 – 18 所示。

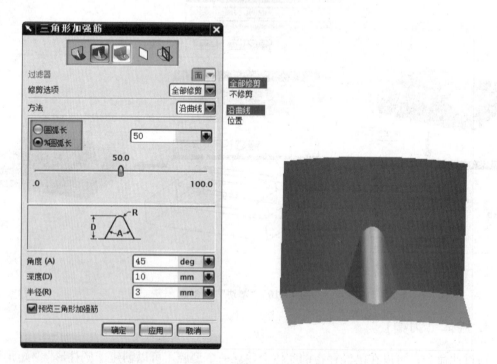

图 4 – 18　"三角形加强筋"的创建

8. 加厚

通过此命令，可以将片体或实体表面加厚来创建实体。加厚是沿面的法向进行的，并且以面的法向为正、相反方向为负，效果图如图 4－19 所示。

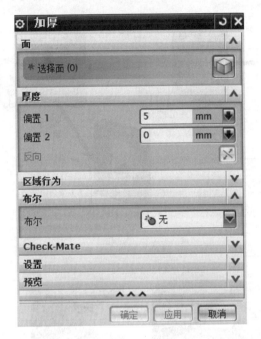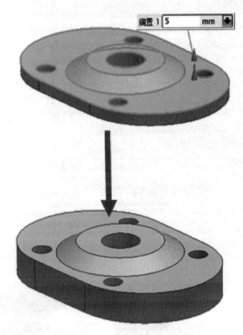

图 4－19 "加厚"示例

三、掌握 UG NX 9.0 的扫描特征

扫描特征基本原理是截面沿着指定的轨迹线移动，从而扫描出一个实体或片体。创建扫描特征需要三个要素：被移动的截面体、移动的导引线及移动的距离。

移动的截面可以是曲线、曲线链、草图、实体边缘、实体表面和片体。

扫描特征生成的实体是相关和参数化的特征，它与截面线串、拉伸方向、旋转轴及引导线串、修剪表面/基准面相关联。它的所有扫描参数随部件存储，随时可以进行编辑。

扫描特征包括"拉伸""旋转""变化的扫掠""沿引导线扫掠"和"管道"。

1. 拉伸

通过此命令，可以沿指定方向扫掠曲线、边、面、草图或曲线特征的 2D 或 3D 部分一段直线距离，由此来创建体。通过工具栏的"特征"命令直接打开"拉伸"对话框，通过对"限制""布尔""拔模"等选项进行设置来创建拉伸体，如图 4－20 所示。

2. 旋转

通过此命令，可以将截面沿指定轴线旋转一定角度，以生成实体或片体，如图 4－21 所示。

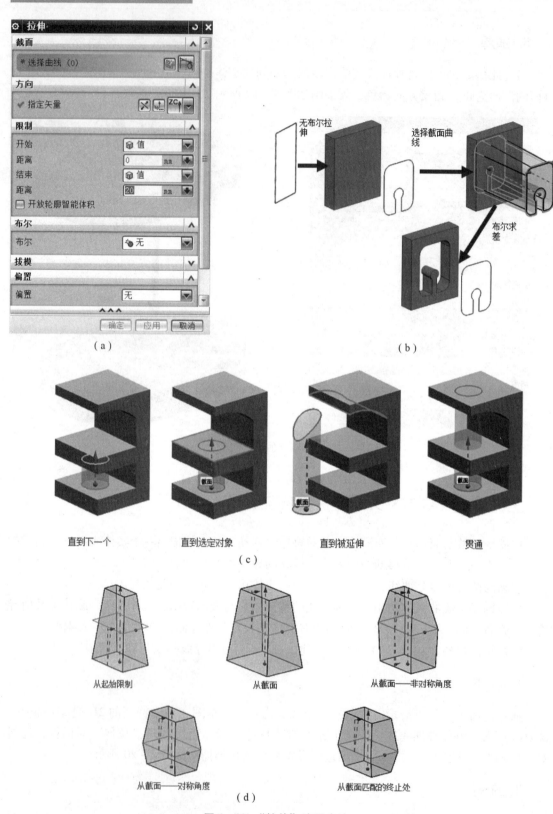

图 4 - 20 "拉伸"应用方法

（a）"拉伸"对话框；（b）"布尔求差"效果；（c）"限制"选项；（d）"拔模"设置

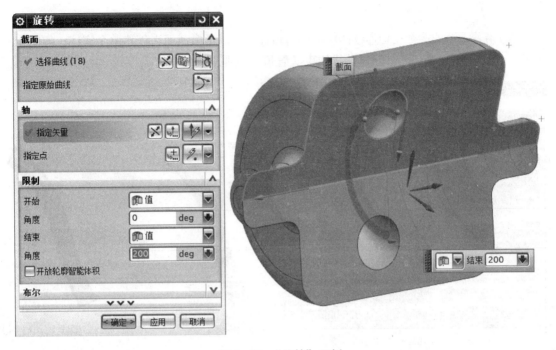

图 4 - 21 "旋转"示例

3. 沿引导线扫掠

通过此命令，可以将指定截面沿指定的引导线运动，从而扫掠出实体或片体，如图 4 -
22 所示。

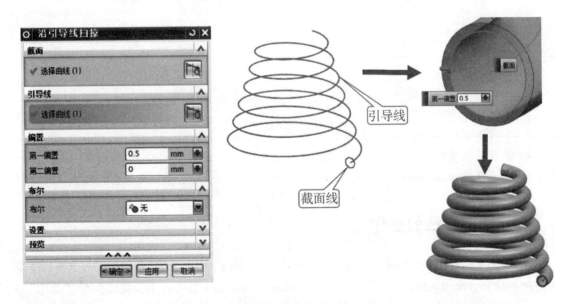

图 4 - 22 "沿引导线扫掠"示例

4. 管道

通过沿着一个或多个相切连续的曲线或边扫掠一个圆形横截面来创建单个实体，如图 4 - 23 所示。通过此选项，可以创建导线线束、管道或电缆。

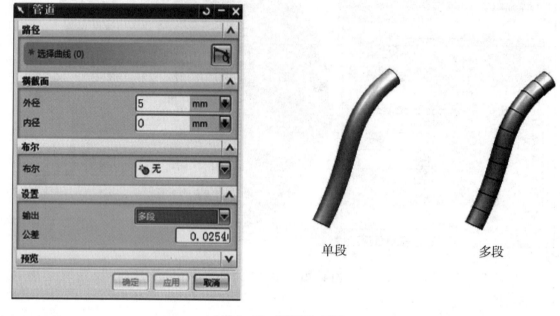

图 4 - 23 "管道" 示例

任务三 UG NX 9.0 的特征操作与编辑

🔵 任务目标 >>

1. 掌握细节特征的操作。
2. 掌握抽壳与螺纹操作。
3. 掌握布尔运算的操作。
4. 掌握关联复制的操作。
5. 掌握编辑特征的操作。

一、细节特征的操作

在 UG NX 9.0 中，将边倒圆、面倒圆、样式倒圆、样式拐角、倒斜角和拔模等这些特征统称为细节特征。使用此类特征有助于改善零件的制造和使用工艺等。细节特征位于 "菜单" → "插入" → "细节特征" 下，如图 4 - 24 所示。本节对最常见的四种特征进行介绍。

图 4－24　"细节特征"命令

1. 边倒圆

此命令可以使至少由两个面共享的边缘变光顺。倒圆时，就像沿着被倒圆角的边缘滚动一个球，同时使球始终与在此边缘处相交的各个面接触。选择要进行边倒圆的边（可以选择多条边进行相同半径倒圆）。同时利用"添加新集"按钮 可以对多条边进行不同半径值同时倒圆，如图 4－25 所示。

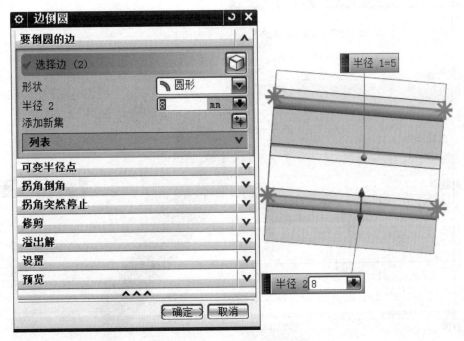

图 4－25　"边倒圆"示例

对于边倒圆，则需要在多个控制点处设置半径。例如，在图 4－26 所示的边倒圆示例中，一共设置有 3 个控制点，为该 3 个控制点分别指定不同的位置和半径，便可形成边倒圆的设计效果。

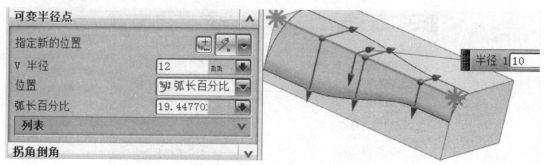

图4-26 "可变半径点"边倒圆示例

必要时，可以根据设计要求，在"拐角回切""拐角突然停止""修剪""溢出解"和"设置"选项组中进行相关设置，由于这些选项不常用，在这里不做具体介绍。

2. 面倒圆

通过此命令，可以创建与两组输入面集相切的复杂圆角面，并带修剪和附着圆角面选项。打开"面倒圆"对话框，如图4-27所示，使用该对话框的方法很简单，即从"类型"选项组的下拉列表框中选择"滚动球"选项或"扫掠截面"选项，接着分别选择面链1和面链2，再设置其方向（要求两组面矢量方向一致），然后定制倒圆角截面。必要时设置约束和限制几何体、修剪和缝合选项等，如图4-27所示。

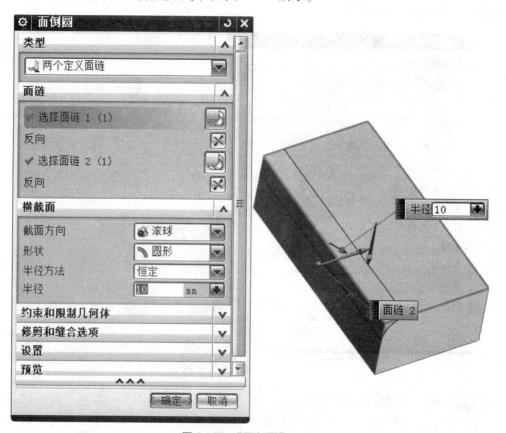

图4-27 "面倒圆"示例

3. 倒斜角

倒斜角是指对面之间的边进行倾斜的倒角处理，如图 4 – 28 所示。其中在"横截面"选项中可以进行斜角形状设置，包括"对称""非对称"和"偏置和角度"。

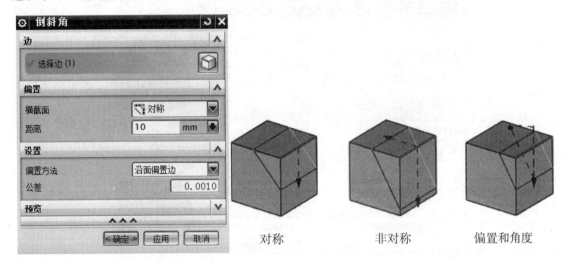

对称　　　　非对称　　　　偏置和角度

图 4 – 28　"倒斜角"示例

4. 拔模

通过此命令，可以对一个部件上的一组或多组面从指定的固定对象开始应用斜率。一般来说，这个命令用于对模型、部件、模具或冲模的"竖直"面应用斜率，以便在从模具或冲模中拉出部件时，向相互远离的方向移动，而不是沿彼此滑移。如图 4 – 29 所示，部件 1 未使用拔模，部件 2 使用了拔模。在模型中创建合适的拔模特征有助于改进模型制作工艺并提高生产效率。拔模类型包括"从平面或曲面""从边""与多个平面相切"和"至分型边"。

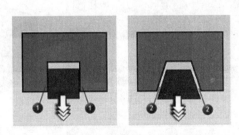

图 4 – 29　"拔模"与否对比图

（1）从平面或曲面

如果拔模操作需要通过部件的横截面在整个面旋转过程中都是平的，则可使用此类型，如图 4 – 30 所示。

（2）从边

如果拔模操作需要在整个面旋转过程中保留目标面的边缘，则可以使用此类型，如图 4 – 31 所示。

| 101 |

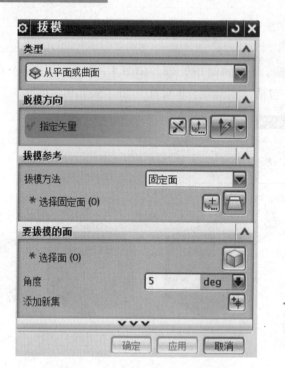
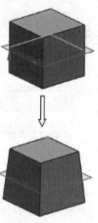

图 4 - 30　"从平面或曲面" 拔模

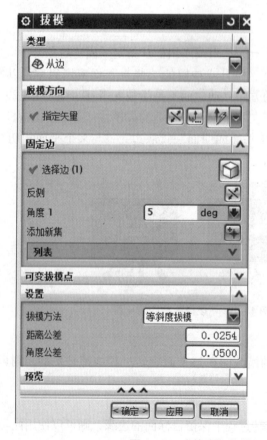
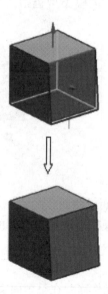

图 4 - 31　"从边" 拔模

（3）与多个面相切

如果需要在拔模操作后保持要拔模的面与邻近面相切，则可以使用此类型。此处，固定边缘未被固定，而是移动的，以保持选定面之间的相切约束，如图 4 – 32 所示。

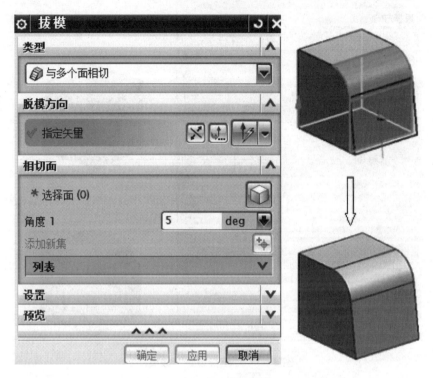

图 4 – 32　"与多个面相切"拔模

（4）至分型边

主要用于分型线在一个面内，对分型线的单边进行拔模，如图 4 – 33 所示。

二、抽壳与螺纹

1. 抽壳

抽壳是指通过应用壁厚并通过选定的面修改实体，即让块状实体变成具有指定壁厚的实体模型，其内部的材料按照一定的规律被"挖空"。抽壳得到的壳体可以具有相同的壁厚，也可以具有多种壁厚。既可以移除面，如图 4 – 34（a）所示，也可以只从内部挖空而不移除外壳，如图 4 – 34（b）所示。

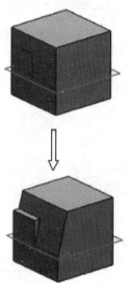

图 4 − 33　"至分型边"拔模

图 4 − 34　"抽壳"示例

（a）移除面，然后抽壳；（b）对所有面抽壳

2. 螺纹

通过此命令可以在具有圆柱面的特征上生成"符号螺纹"或"详细螺纹"，这些特征包括孔、圆柱、圆台以及圆周曲线扫掠产生的减去或增添部分。"符号螺纹"以虚线圆的形式显示在要攻螺纹的一个或几个面上。"详细螺纹"看起来更实际，但由于其几何形状及显示的复杂性，创建和更新的时间都要长得多。如图4-35所示。

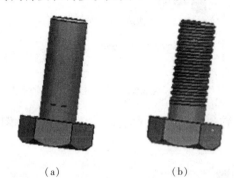

（a）　　　　　　　（b）

图4-35 "符号螺纹"与"详细螺纹"的区别

（a）符号螺纹；（b）详细螺纹

三、布尔运算

对象之间的布尔运算是指将两个或多个对象（实体或片体）组合成一个对象。布尔运算包括求和、求差和求交。在进行布尔运算之前，需要了解目标体和刀具体（也称工具体）的基本概念。目标体是指需要与其他体组合的实体或片体，而刀具体是指用来改变目标体的实体或片体，刀具体可以有多个。目标体与刀具体是接触或相交的。

1. 求和

求和是指将两个或更多的实体的体积合并为单个体。如图4-36所示。

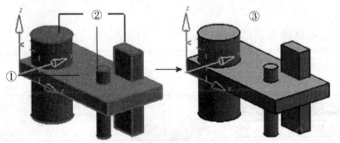

目标实体①与一组工具体②相加，形成一个实体③。

图4-36 布尔求和

2. 求差

求差是指从一个实体的体积中减去另一个实体与之相交的体积。图4-37所示。

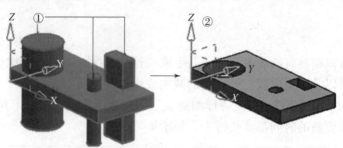

①作为工具的实体组；②为结果求差特征。

图4－37　布尔求差

3. 求交

求交是指创建一个体，它包含两个不同的体共享的体积。如图4－38所示。

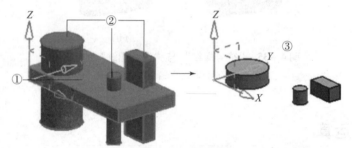

目标实体①与一组工具体②相交，形成三个参数化的体③。

图4－38　布尔求交

四、关联复制

使用关联复制操作，可以很方便地快速完成相关特征的创建。关联复制的知识点包括实例特征、镜像特征、镜像体和引用几何体等。

1. 实例特征

创建实例特征是指将特征复制到矩形或圆形图样中，它是从已有的特征出发来创建特征群的。在实际设计中，可以对实例特征再次引用，以形成新的实例特征，如图4－39所示。

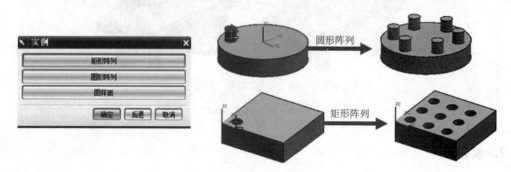

图4－39　"实例特征"示例

2. 镜像特征

镜像操作是指复制特征并根据指定平面进行镜像。要创建镜像特征的示例如图 4 - 40 所示。

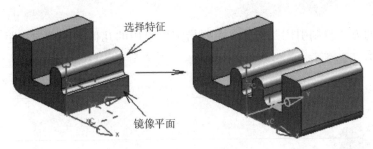

选择特征

镜像平面

图 4 - 40　"镜像特征"示例

3. 镜像体

镜像体操作是指复制体并根据平面进行镜像操作。与镜像特征不同的是，其镜像的是体对象。操作方式相似。

4. 引用几何体

引用几何体是指将几何体复制到各种图样阵列中。引用几何体的类型包括"来源/目标""反射""平移""旋转"和"沿路径"。

（1）来源/目标

通过指定来源位置和目标位置来创建引用几何体，可以设定要复制的副本数、几何体关联性，还可以设置是否隐藏原先的几何体等，如图 4 - 41 所示。

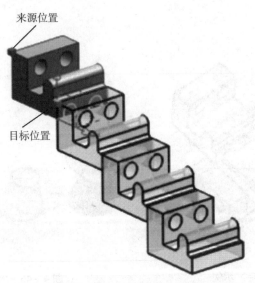

来源位置

目标位置

图 4 - 41　"来源/目标"示例

（2）反射

以反射（镜像）方式创建引用几何体。如图 4 - 42 所示，选择实体作为要引用的几何体，接着使用"镜像平面"选项组中提供的工具指定一个镜像平面。必要时，可以在"设置"选项组中设置相关选项。

（3）平移

通过平移的方式复制引用几何体。需要指定要引用的几何体、方向、距离和副本数等，如图 4 - 43 所示。

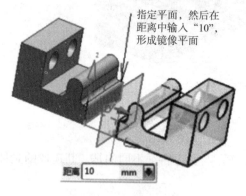

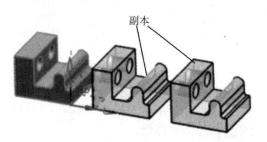

图 4 - 42　"反射"示例　　　　　　　　　　图 4 - 43　"平移"示例

（4）旋转

通过旋转的方式创建引用几何体。需要指定要引用的几何体、旋转轴、角度、距离和副本数等，如图 4 - 44 所示。

（5）沿路径

可以沿着指定路径来创建若干引用几何体，如图 4 - 45 所示。

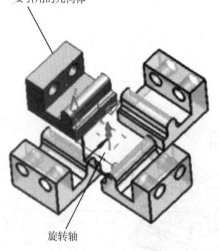

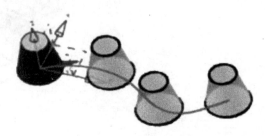

图 4 - 44　"旋转"示例　　　　　　　　　　图 4 - 45　"沿路径"示例

五、编辑特征

初步建立起来的实体模型不一定符合要求，有时还需要进一步调整和编辑。

1. 编辑特征参数

通过此命令可以在创建特征的方法和参数的基础上编辑。用户交互取决于所选特征的类型。大多数特征的参数都可以用"编辑特征参数"命令实现。

编辑特征参数的方法如下：

➤ 从图形区域或从"编辑特征参数"对话框中选择要编辑的特征。特征参数值将显示在图形区域。

➤ 在图形区域选择一个尺寸，然后在"输入新表达式"对话框中输入一个新值。

➤ 从有"编辑特征参数"选项的对话框中选择一个选项，输入新值，并单击"确定"按钮。

当选择了"编辑特征参数"并选择了一个要编辑的特征时，根据所选择的特征的不同，对话框上显示的选项可能会发生改变。

2. 编辑位置

通过此命令可以修改孔、凸台、凸垫、腔体、键槽、割槽等特征的位置。可以进行的操作有"编辑尺寸值""添加尺寸"和"删除尺寸"，如图 4 - 46 所示。

图 4 - 46 "编辑位置"示例

3. 抑制特征

通过此命令可以抑制选取的特征，即暂时在图形窗口中不显示特征。这有很多好处：

①减小模型的大小，使之更容易操作，尤其当模型相当大时，加快了创建、对象选择、编辑和显示的速度。

②在进行有限元分析前，隐藏一些次要特征以简化模型，被抑制的特征不进行网格划分，可加快分析的速度，并且对分析结果也没多大的影响。

③在建立特征定位尺寸时，有时会与某些几何对象产生冲突，这时可利用特征抑制操作。如要利用已经建立倒圆的实体边缘线来定位一个特征，就不必要删除倒圆特征，新特征建立以后再取消抑制被隐藏的倒圆特征即可。

4. 取消抑制特征

是"抑制特征"的反操作，即在图形窗口重新显示被抑制了的特征。

5. 移除参数

使用此命令，将删除实体特征的参数。该命令一般只用于不再修改也不希望修改的最终定型了的模型。

6. 移动特征

使用此命令，可以移动尚未定位的特征。

7. 特征重排序

通过此命令，可以调整特征的建立顺序，使其提前或延后。

通常，在建立特征时，系统会根据特征的建立时间依次排序，即在特征名称后的括号内显示其建立顺序号，也称为特征建立的时间标记，这在部件导航器中有明确表示。一旦特征的建立顺序改变了，其相应的建立时间标记也随之改变。

"特征重排序"最便捷的方法是在部件导航器中选中特征以后，用鼠标直接上下拖动。

任务四　综合练习

任务目标 >>

1. 掌握基准特征的建立。
2. 掌握三维实体特征的应用。
3. 掌握特征编辑。

一、轴承支座实体建模

零件模型及相关草图数据如图 4 – 47 所示。

1. 新建文件

启动 UG NX 9.0 软件，并新建"zhouchengzhizuo"模型文件。

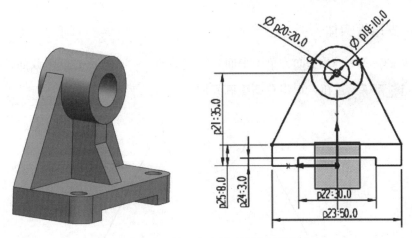

图 4 - 47　轴承支座模型及草图数据

2. 创建底板实体

①创建草图。选择 *XY* 平面为草图平面，绘制如图 4 - 48 所示的草图截面，并完全约束草图，单击 完成草图 按钮，退出草图绘制界面。

图 4 - 48　底板草图

②单击 拉伸 按钮，对"拉伸"对话框进行设置，设置参数如图 4 - 49 所示，完成底板实体的创建。

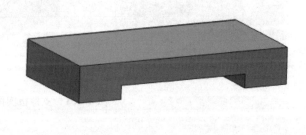

图 4 - 49　底板草图实体

3. 创建支撑板实体

①创建草图。选择 XY 平面为草图平面，绘制如图 4-50 所示的草图截面，并完全约束草图，单击 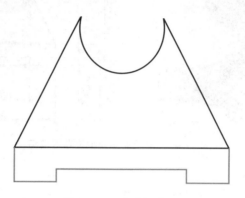 完成草图按钮，退出草图绘制界面。

图 4-50　支撑板草图

②单击 按钮，对"拉伸"对话框进行设置，设置参数如图 4-51 所示，完成支撑板实体的创建。

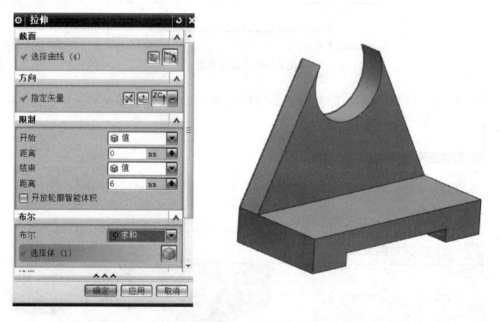

图 4-51　支撑板实体

4. 创建圆筒实体

①创建草图。选择 XY 平面为草图平面，绘制如图 4-52 所示的草图截面，并完全约束草图，单击 完成草图按钮，退出草图绘制界面。

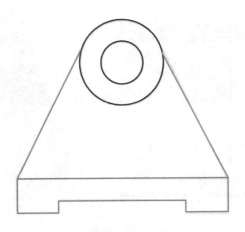

图 4 – 52　圆筒草图

②单击 拉伸 按钮，对"拉伸"对话框进行设置，设置参数如图 4 – 53 所示，完成圆筒实体的创建。

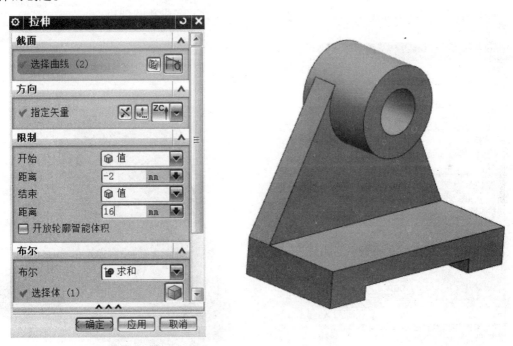

图 4 – 53　圆筒实体

5. 创建边倒圆

单击工具栏 边倒圆 按钮，选择要倒圆的边如图 4 – 54 所示，倒圆半径设为 5，完成边倒圆的创建。

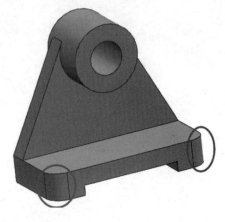

图 4 – 54　边倒圆

6. 创建孔

打开"孔"对话框，在"常规孔"类型下进行设置。在"位置"选项中，在底板表面自动捕捉边倒圆的圆弧中心，其余选项如图 4 – 55 所示，完成孔的创建。

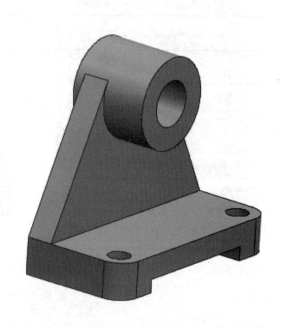

图 4 – 55　创建孔

7. 创建肋板

（1）创建草图平面

打开"创建草图"对话框，在"创建平面"下拉列表中选择"二等分" ，完成草图平面的创建，如图 4 – 56 所示。

（2）绘制肋板草图

在刚创建的草图平面上绘制肋板截面草图，并完全约束。退出草图绘制界面，完成肋板草图绘制，如图 4 – 57 所示。

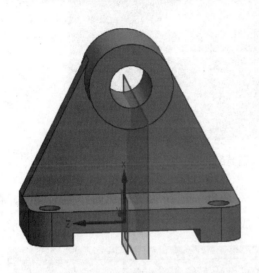

图 4 – 56 定义草图平面

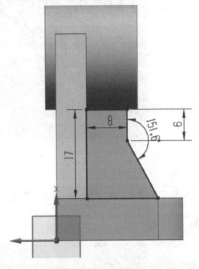

图 4 – 57 肋板草图

（3）创建肋板实体

单击工具栏中的 拉伸 按钮，在"拉伸"对话框 截面 区域选择 选项，选取肋板的 5 条曲线。在 限制 区域的 结束 下拉列表中选择 对称值 选项，并在其下的 距离 文本框中输入值"3"；在 布尔 区域中选择 无 选项，采用系统默认的求和对象；单击 ＜确定＞ 按钮，完成肋板实体的创建，如图 4 – 58 所示。

图 4 – 58 肋板实体

（4）偏置肋板顶面

上述操作完成后，肋板顶面是平面，与圆筒外表面不相交、有间隙，如图4－59所示。

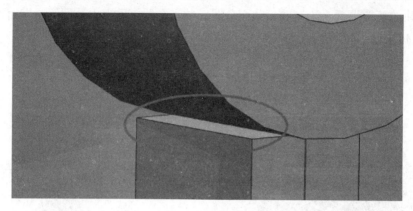

图4－59　肋板与圆筒的间隙

单击工具栏中的 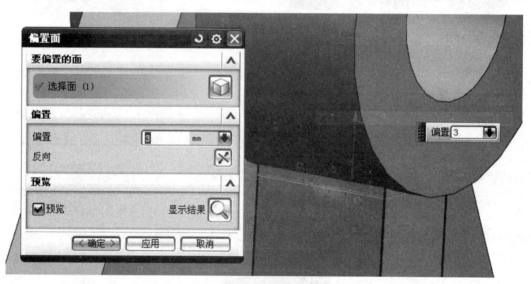 按钮，弹出"偏置面"对话框。选择肋板的顶面作为偏置面，在"偏置"中输入值"3"。单击"确定"按钮，完成偏置肋板顶面的创建，如图4－60所示。

图4－60　偏置肋板顶面

8. 保存零件模型

单击工具栏上的"保存"按钮 ，即可保存零件模型。

二、法兰盘实体建模

零件模型及相应的模型树如图4－61所示。

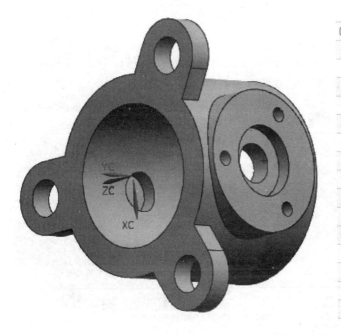

图 4-61 法兰盘模型及模型树

1. 新建文件

启动 UG NX 9.0 软件，并新建"falanpan"模型文件。

2. 创建管道路径草图

①创建 XY 平面为草图平面，系统进入草图环境。

②绘制草图。绘制如图 4-62 所示的截面草图，并完全约束草图。单击 完成草图 按钮，退出草图绘制界面。

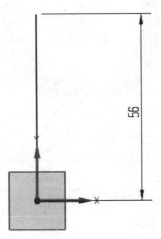

56

图 4-62 管道路径草图的创建

3. 创建管道

调用"管道"命令，在"路径"中选择前一步的草图直线；外径设置为 70 mm；内径设置为 50 mm；其余采用系统默认设置。完成管道的创建，如图 4 – 63 所示。

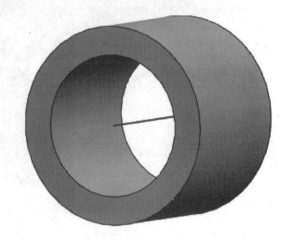

图 4 – 63　管道

4. 创建底耳

①打开"创建草图"对话框，选择 XY 平面为草图平面，进入草图环境。
②绘制如图 4 – 64 所示的底耳截面草图，并完全约束草图。

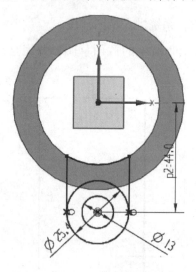

图 4 – 64　底耳草图

③创建底耳拉伸特征。

单击工具栏中的 拉伸 按钮，选取底耳草图的 5 条曲线，对相关参数进行如图 4 – 65 所示的设置，完成底耳拉伸特征的创建。

图 4 - 65　一个底耳

④创建另外两个底耳。

调用"实例几何体"命令，系统弹出"实例几何体"对话框，"旋转轴"选择 Y 轴，"指定点"选择管道的圆心，其余设置如图 4 - 66 所示，完成底耳拉伸特征的创建。

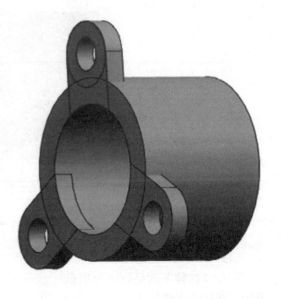

图 4 - 66　三个底耳

5. 创建侧面的圆柱

（1）创建基准平面

单击工具栏  按钮，弹出"基准平面"对话框，选择 XC-YC 平面 选项，在 距离 文本框中输入值"37"，在 反向 中选择 Z 轴的反向；单击 确定 按钮，完成基准平面的创建，如图 4 - 67 所示。

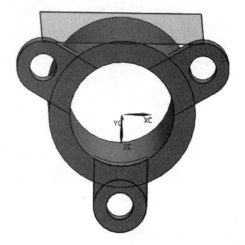

图 4 - 67　基准平面

（2）绘制草图

绘制如图 4 - 68 所示的圆柱截面草图，并完全约束草图，完成圆柱截面草图的创建。

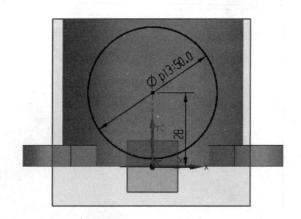

图 4 - 68　圆柱截面草图

（3）创建侧面圆柱

打开"拉伸"对话框，选取前一步绘制的圆为截面，进行如图 4 - 69 所示的设置，完成侧面圆柱的创建。

（4）求和

对所有实体进行求和。

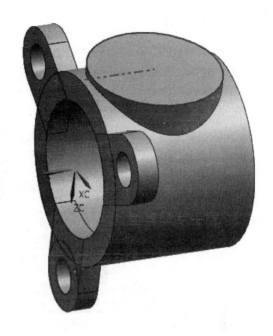

图 4 – 69　侧面圆柱

6. 创建沉头孔

打开"孔"对话框，"位置"选择上一步创建的圆柱表面的圆心。进行如图 4 – 70 所示的设置，完成沉头孔的创建。

图 4 – 70　沉头孔

7. 创建小孔

（1）绘制草图

选择沉孔表面作为小孔的放置面，绘制如图4-71所示的圆柱截面草图，并完成约束草图。退出草图绘制界面，完成小孔截面草图的创建。

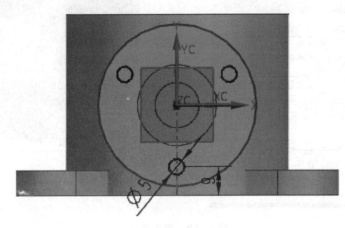

图4-71 小孔截面草图

（2）创建小孔特征

打开"拉伸"对话框，选取前一步绘制的圆，进行如图4-72所示的设置。完成小孔的创建。

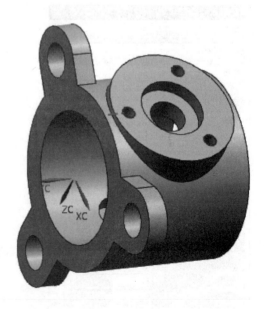

图4-72 小孔的创建

8. 创建边倒圆特征

单击工具栏中的"边倒圆"按钮，选取图中 4 条边进行边倒圆，半径设为 0 ~ 0.35 mm，单击"确定"按钮，完成边倒圆特征的创建。如图 4 - 73 所示。

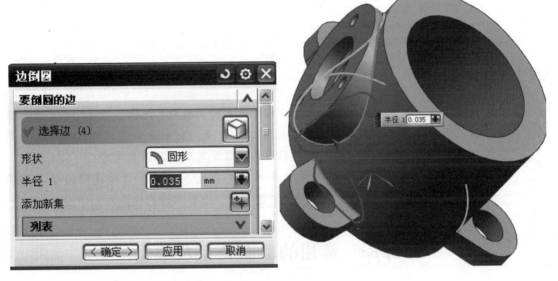

图 4 - 73　边倒圆特征

9. 保存零件模型

单击工具栏上的"保存"按钮 ⬛，即可保存零件模型。

项目五　曲面造型

【项目介绍】

曲面是构建复杂模型最重要的构成之一，曲面技术的发展为表达实体模型提供了更加有效的工具。在现代的复杂产品设计中，曲面应用比较广泛，特别是现在的玩具车、飞行器等，造型美观且具有优良的物理性能，其表面结构通常使用参数曲面来构建。

本项目主要介绍曲面基础知识，包括曲面的基本概念及分类、曲面建模的基本思路（原则）和曲面工具；由点创建曲面、依据线创建曲面、根据曲面构建曲面。

任务一　常用的曲面特征及编辑

任务目标 >>

1. 掌握 UG NX 9.0 的常用曲面的创建。
2. 熟悉 UG NX 9.0 中常用的曲面编辑方式。

一、曲面的构造方法

1. 基于点的曲面

它根据导入的点数据构建曲线、曲面。使用通过点、从极点、从点云等构造方法。该功能所构建的曲面与点数据之间不存在关联性，是非参数化的，即当构造点编辑后，曲面不会产生关联变化。由于这类曲面的可修改性较差，建议尽量少用。

（1）"通过点"的方式构建曲面

①在空间创建多组"点"，如图 5-1（a）所示，按 F8 键调整点的位置，如图 5-1（b）所示，以方便下一步用矩形线框选点。

②在曲面工具栏单击"通过点"工具按钮或单击"菜单"→"插入"→"曲面"→"通过点"，打开"通过点"对话框，如图 5-2 所示。单击"确定"按钮，弹出如图 5-3 所示对话框。选择"在矩形内的对象成链"方式。

③按系统提示用矩形框选择用于组成第 1 列的点，如图 5-4（a）所示，接着选择第一行的起点和终点，完成第一行点的框选，如图 5-4（b）所示。依次选择第二列、第三列、第四列。由所有点构建的曲面如图 5-5 所示，所有点均在曲面上。

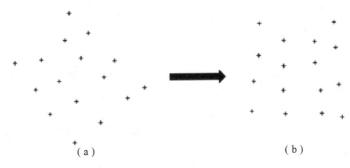

（a）　　　　　　　　　　（b）

图 5 - 1　创建曲面的点

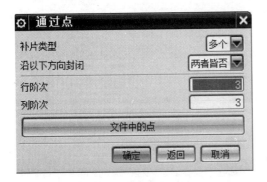

图 5 - 2　"通过点"对话框

图 5 - 3　"过点"对话框

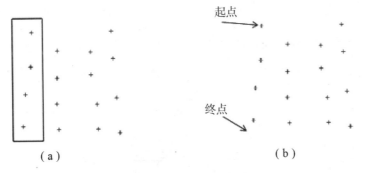

（a）　　　　　　　　　　（b）

图 5 - 4　第一列点的框选

图 5 - 5　通过点构建的曲面

（2）"从极点"的方式构建曲面

①打开图 5 - 1 所示的点。

②在"曲面"工具栏中单击"从极点"工具按钮或单击"菜单"→"插入"→"曲面"→"从极点"，打开"从极点"对话框，如图 5 - 6 所示。单击"确定"按钮，弹出如图 5 - 7 所示的"点"对话框。依次连接对应点，如图 5 - 8（a）所示。

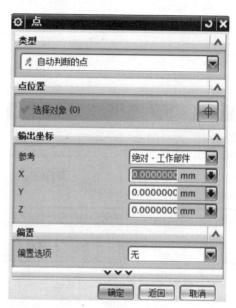

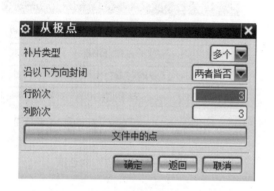

图 5 - 6　"从极点"对话框　　　　　　　图 5 - 7　"点"对话框

③完成"从极点"构建曲面，如图 5 - 8（b）所示。由图可知，这种方式并不是所有点都在曲面上。

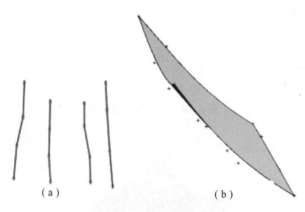

（a）　　　　　　　　　　　　　　　（b）

图 5 - 8　从极点构建曲面

2. 基于曲线的曲面

根据曲线构建曲面，如直纹面、通过曲线、过曲线网格、扫掠、截面线等构造方法，此类曲面是全参数化特征，曲面与曲线之间具有关联性，工程上大多采用这种方法。

（1）运用"直纹"构建曲面

①在空间创建两条线，如图5-9所示。

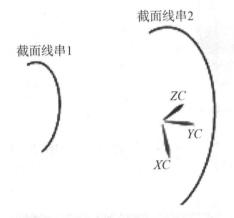

图5-9　构建曲线

②单击"菜单"→"插入"→"网格曲面"→"直纹"，打开"直纹"对话框，如图5-10所示。分别选择截面线串1和截面线串2。

图5-10　"直纹"对话框

③完成"直纹"构建曲面，如图5-11所示。构建曲面过程中，一定要注意线串的箭头方向要一致，否则会出现扭曲现象。

（2）运用"通过曲线组"构建曲面

①在空间创建一系列曲线组，如图5-12所示。

图 5 – 11 "直纹"构建曲面

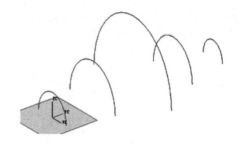

图 5 – 12 曲线组

②通过工具栏直接打开"通过曲线组"对话框，如图 5 – 13 所示。依次选择截面线并单击鼠标中键确认，完成如图 5 – 14 所示的曲面构建。还可以对完成的曲面进行镜像，最终效果图如图 5 – 15 所示。

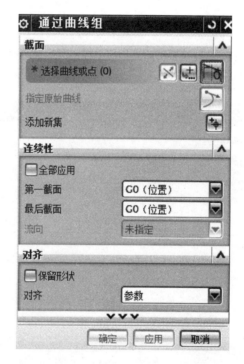

图 5 – 13 "通过曲线组"对话框

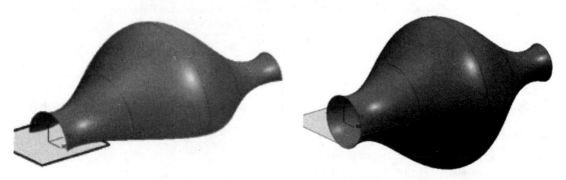

图 5 – 14 "通过曲线组"构造曲面

图 5 – 15 最终效果图

（3）"通过曲线网格"构建曲面

①在空间创建一组网格曲线，如图 5-16 所示。

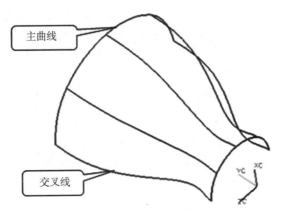

图 5-16 曲线网格

②通过工具栏直接打开"通过曲线网格"对话框，如图 5-17 所示。网格中 U、V 方向的曲线分别为主曲线和交叉曲线，首选图 5-16 中的两条主曲线，单击鼠标中键选择 5 条交叉曲线，完成曲面的构建，如图 5-18 所示。

图 5-17 "通过曲线网格"对话框

图 5-18 完成后的曲面

3. 基于片体的曲面

以曲面为基础构建新的曲面，使用桥接、N 边曲面、延伸、按规律延伸、放大、曲面偏置、粗略偏置、扩大、偏置、大致偏置、曲面合成、全局形状、裁剪曲面、过渡曲面等构造方法。

（1）桥接曲面

可以在两个曲面间建立一个过渡曲面，并且可以在桥接和定义面之间指定相切连续性或者曲率连续性。

单击"菜单"→"插入"→"细节特征"→"桥接"命令，打开"桥接曲面"对话框，如图 5 - 19 所示。分别选择图 5 - 20 所示的边 1 和边 2，"连续性"选择"G1（相切）"，完成桥接曲面的创建，如图 5 - 21 所示。

图 5 - 19 "桥接曲面"对话框

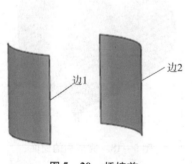

图 5 - 20 桥接前

图 5 - 21 桥接后

（2）N边曲面

可以创建由一组端点相连曲线封闭的曲面，即常说的补面。

单击工具栏中 N 边曲面 按钮，弹出如图5-22所示对话框。操作过程如图5-23所示。

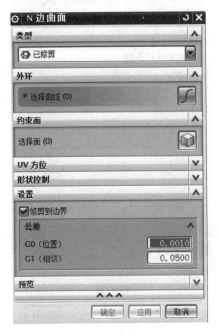

图5-22　"N边曲面"对话框

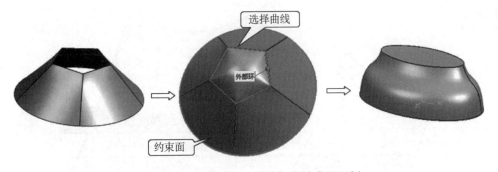

图5-23　使用"N边曲面"创建曲面示例

二、曲面编辑

1. 扩大曲面

扩大曲面是更改未修剪的片体或者面的大小。通过"菜单"→"编辑"→"曲面"→"扩大"命令，系统弹出"扩大"对话框，如图5-24所示。对话框中可以对选择面的所有边进行改变，也可以对其中几个边进行扩大或修剪，每个边可以单独设置调整参数，调整大小参数设置为正则扩大，参数设置为负则减小，如图 5-25 所示。

图 5-24 "扩大"对话框

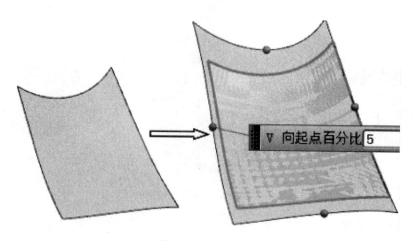

图 5-25 面扩大

2. 法向反向

法向反向是对片体的曲面法向进行反转。通过单击"菜单"→"编辑"→"曲面"→"法向反向"命令，系统弹出"法向反向"对话框，对面进行法向反向，如图 5-26 所示。

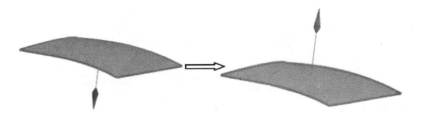

图 5 – 26　法向反向

3. 局部取消修剪和延伸

局部取消修剪和延伸是取消对片体某一部分的修剪，或延伸面，或删除片体上的内孔。通过单击"菜单"→"编辑"→"曲面"→"局部取消修剪和延伸"命令，系统弹出"局部取消修剪和延伸"对话框，如图 5 – 27 所示，选择要编辑的面，然后选择对应的操作边，即可对面的局部已经进行的修剪进行恢复，如图 5 – 28 所示。

图 5 – 27　"局部取消修剪和延伸"对话框

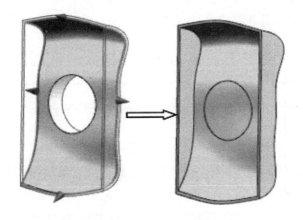

图 5 – 28　取消孔修剪

任务二　综合练习

任务目标 >>

1. 掌握 UG NX 9.0 样条曲线的绘制。
2. 熟悉 UG NX 9.0 曲面的创建和编辑。

本任务进行相机壳三维建模。

零件模型及相应的模型树如图 5-29 所示。

图 5-29　相机壳模型及模型树

1. 新建文件

启动 UG NX 9.0 软件，并新建"xiangjike"模型文件。

2. 创建两侧面的样条曲线

（1）创建两个基准面

在"类型"中选择按"某一距离"，选择 XZ 面为平面参考，分别向 Y 向偏置 -40 和 40 的距离，如图 5-30 所示。

（2）绘制样条曲线

分别在上一步骤中建立的两个基准面中绘制样条曲线，第一条样条曲线由 7 个点构成，各点的坐标如图 5-31 所示，左、右两端的点约束在 X 轴上，中间点约束在 Y 轴上。第二条样条曲线由 6 个点构成，各点的坐标如图 5-32 所示，左、右两端的点约束在 X 轴上，左起第 3 点约束在 Y 轴上。

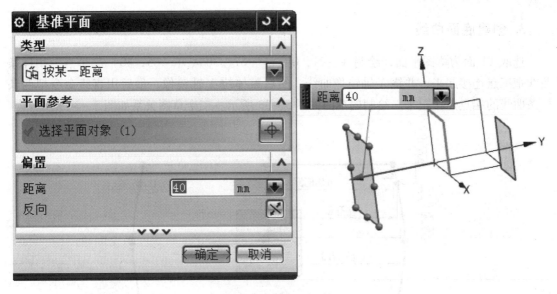

图 5 - 30　创建基准面

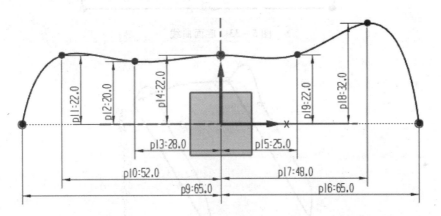

图 5 - 31　线条曲线（一）

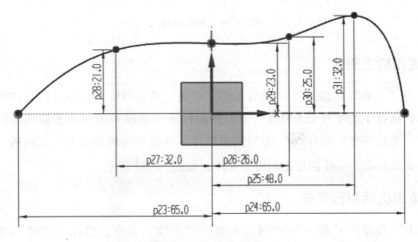

图 5 - 32　线条曲线（二）

3. 创建底面曲线

选取 XY 面为草图平面，绘制（ -71，0）、（ -67，30）、（ -65，40）三个点，用样条曲线把三点连接起来，并绕 X 轴镜像曲线，然后整体绕 Y 轴镜像，最后用直线命令把两条样条曲线的端点连接起来。绘制的草图如图 5-33 所示。三个草图关系如图 5-34 所示。

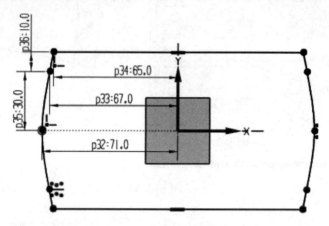

图 5-33 底面曲线

图 5-34 完整曲线

4. 创建相机上壳体

通过单击"菜单"→"插入"→"网格曲面"→"通过曲线网格"命令，打开"通过曲线网格"对话框，选择主曲线和交叉曲线，单击侧面任意一条样条曲线为主曲线，然后单击鼠标中键或者"添加新集"按钮 ，添加侧面另外一条样条曲线为主曲线。同理，选择两条底面曲线为交叉曲线，由此创建出相机上壳体，如图 5-35 所示。

5. 创建相机两侧面壳体

通过单击"菜单"→"插入"→"网格曲面"→"直纹"命令，打开"直纹"对话框，侧面两条曲线分别选为线串 1 和线串 2，从而创建出一侧面壳体。同理，创建另一侧面，如图 5-36 所示。

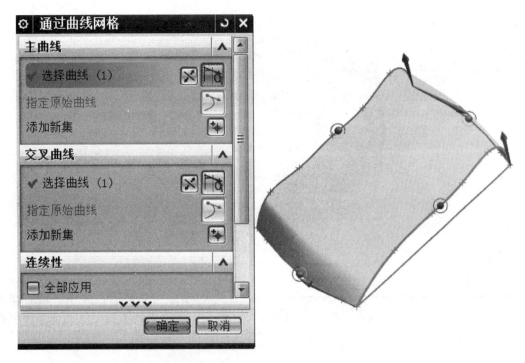

图 5 – 35　相机上壳体

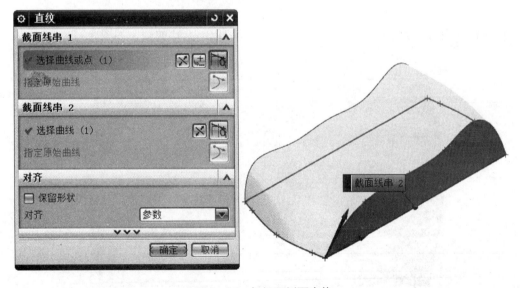

图 5 – 36　相机两侧面壳体

6. 创建相机底面壳体

通过单击"菜单"→"插入"→"网格曲面"→"通过曲线网格"命令，打开"通过曲线网格"对话框，选择主曲线和交叉曲线。单击底面任意一条样条曲线为主曲线，然后单击鼠标中键或者单击"添加新集"按钮 ，添加底面另外一条样条曲线为主曲线。同理，选择两条底面直线为交叉曲线，由此创建出相机底面壳体，如图 5 – 37 所示。

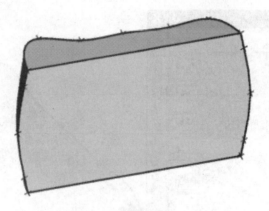

图 5 - 37　相机底面壳体

7.　缝合

单击"菜单"→"插入"→"组合"→"缝合"，打开"缝合"对话框，选择相机底面为"目标"片体，顶面和两侧面为"工具"片体，完成缝合，使原来各不相关的四个片体组合成一个封闭的实体。

8.　创建相机镜头

（1）绘制草图

以相机底面为作图平面,(0,-5) 为圆心，绘制直径为 50 的圆，如图 5 - 38 所示。

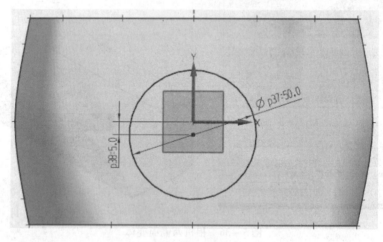

图 5 - 38　绘制圆

（2）拉伸成实体

单击"拉伸"按钮 拉伸，打开"拉伸"对话框，选择刚绘制的圆为截面，沿 Z 轴正向拉伸，开始值为 0，结束值为 35，布尔求和，完成镜头实体的成形，如图 5 - 39 所示。

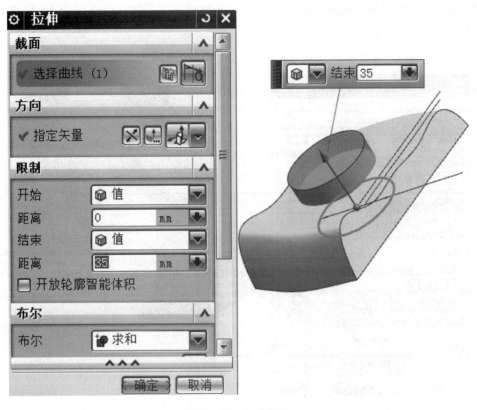

图 5 - 39　拉伸镜头

9. 边倒圆

单击"边倒圆"按钮，镜头圆柱根部倒 $R5$，上表面和两侧面的两条交线设为 $R2$，如图 5 - 40 所示。

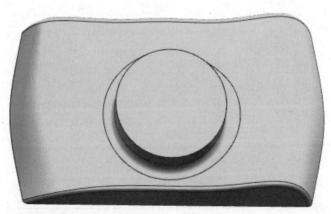

图 5 - 40　边倒圆

10. 抽壳

单击"抽壳"按钮 抽壳，打开"抽壳"对话框，如图 5 - 41 所示，类型选择"移除面，然后抽壳"，要穿透的面选择镜头的上表面和相机的下表面，壁厚设为 2，完成相机壳的建模。

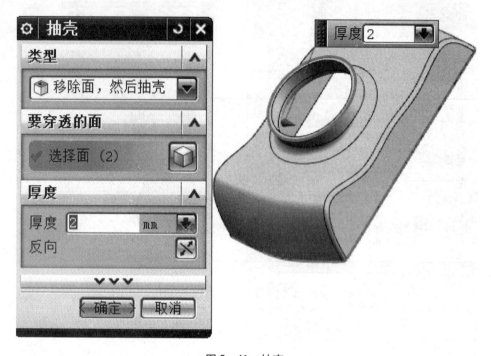

图 5 - 41　抽壳

项目六　工程图绘制

【项目介绍】

工程图样是设计、加工等的通用语言，三维模型最终要以二维工程图的形式展示出来，UG NX 二维图与三维实体模型之间是完全关联的，三维模型可以引用到工程图模块中，快速地生成二维工程图。

UG NX 拥有制图模块，该模块提供自动的视图布局，可以生成基本视图、剖视图、向视图及细节视图，可以自动或手动标注尺寸，可以自动绘制剖面线、标注形位公差、表面粗糙度等。此外，还支持 GB、标准汉字输入、装配图剖视、爆炸图、明细表自动生成。

工程图创建有主模型法和非主模型法两种方法。主模型是指工业设计的零件模型，是装配、制图、分析、加工的主体，操作流程是：新建一个装配文件→添加主模型→进入制图模块→制图操作。在制图操作过程中，主模型仅仅被"引用"而不是"复制"，制图人员不修改主模型。主模型法操作中，要建立两个文件，主模型文件不存在于制图文件中。非主模型法操作流程是：新建主模型文件→进入制图模块→制图操作。制图文件与主模型文件存在于同一文件内。

绘图的一般步骤：

①打开模型文件或者新建装配文件。

②进入工程制图模块。

③确定图纸：选择图纸幅面大小、图纸比例、单位（英寸或毫米）、投影角（第一角画法或第三角画法）。

④制图预设置：对制图环境的首选项进行设置，如制图首选项、注释首选项、对象首选项、剖面线首选项、视图首选项、视图标签首选项等。

⑤视图布局：确定一组表达形体机构所必需的图形，如基本视图、投影视图、剖视图、局部放大图等。

⑥图样标注：标注尺寸、形位公差、粗糙度、中心线、文本注释、标题栏等。

任务一　工程图基本知识

任务目标 >>

1. 熟悉工程图首选项设置。

2. 掌握创建新的工程图方法。

3. 掌握工程图管理操作。

4. 掌握标题栏的制作和调用方法。

一、制图首选项设置

在"制图首选项"中可以对制图模块中的特定参数进行设置，通过单击"文件"→"首选项"→"制图"命令打开，如图 6 - 1 所示。制图首选项中包含了"常规/设置""公共""图纸格式""视图""尺寸""注释""符号"等选项卡。下面对几种常见的选项卡进行说明。

图 6 - 1　"制图首选项"对话框

1. 常规/设置

在"常规/设置"选项卡中，可以进行启动投影视图和创建视图设置、制图中是否显示栅格的设置，以及显示视图创建向导、基本视图命令等的设置。

2. 公共

在"公共"选项卡中，可以对文本的字体、高度、宽高比及对齐方式等参数进行设置，对指引线和尺寸线类型、线型线宽进行设置，还可以对各类尺寸的前缀或后缀进行设置。

3. 视图

"视图"选项卡用于控制或者修改视图的视觉外观。如光顺边、隐藏、着色、螺纹等选项的设置。

4. 尺寸

"尺寸"选项卡是对尺寸标注的常规设置，可以对公差的类型和值、显示和单位、尺寸线格式、尺寸文本等参数进行设置。

5. 表

"表"选项卡控制零件明细表的格式。如设置线型、线宽、颜色和大小，表内格式类别、文本对齐方式及是否自动换行、自动调整行的大小等。

二、新建工程图

1. 新建工程图方法一

打开 UG NX 9.0，通过"新建"→"装配"命令创建一个装配文件，如图 6 - 2 所示。在弹出的"添加组件"对话框中打开要添加的组件，进入制图环境。

2. 新建工程图方法二

打开三维零件模型，单击"应用模块"下的 制图 按钮，如图 6 - 3 所示，进入制图环境。

单击 新建图纸页 按钮，打开"图纸页"对话框，如图 6 - 4 所示，确定以后开始进行工程图绘制。

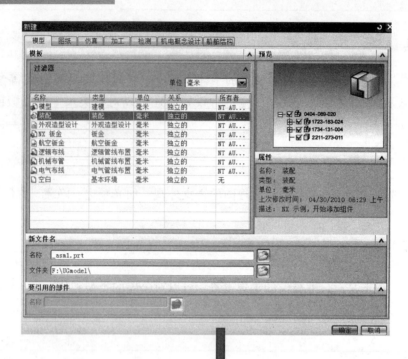

图 6-2 新建工程图方法一

图6-3 新建工程图方法二

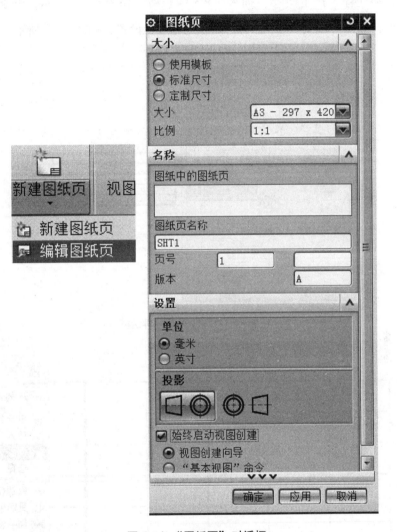

图6-4 "图纸页"对话框

三、编辑图纸

　　如果在制图过程中发现图纸的大小、比例、单位等项目不符合要求，可以对图纸进行编辑。单击"新建图纸页"下的三角按钮，展开级联菜单，选择编辑图纸页，或者在菜单栏中单击"编辑"，选择"编辑图纸页"，系统会弹出"图纸页"对话框。在对话框中选择要修改的图纸进行适当的修改。

四、制作和调用标题栏

1. 绘制标题栏

单击"表格注释"按钮 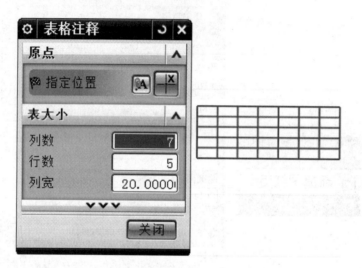，插入 7×5 的表格，如图 6-5 所示，分别选中行和列，单击鼠标右键，选择"调整大小"，对行高和列宽进行设置，如图 6-6 所示。

图 6-5 "表格注释"对话框

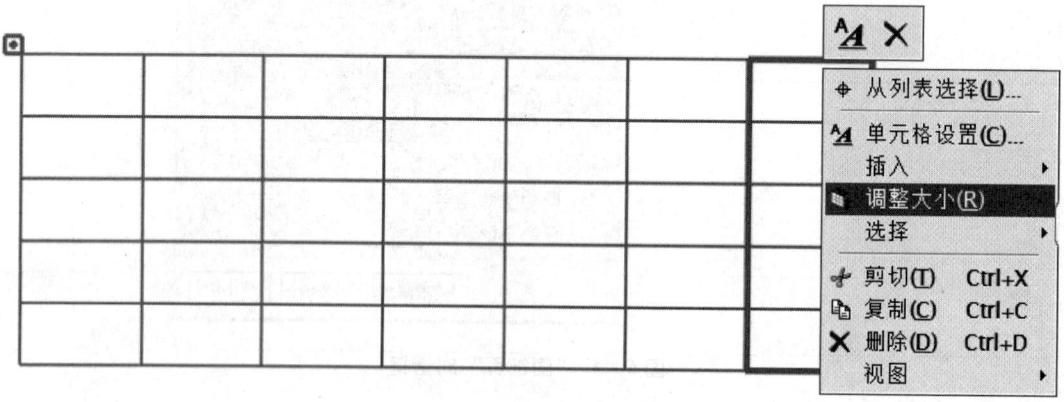

图 6-6 表格调整大小

选中单元格，单击右键，选择"单元格设置"，选中如图 6-7 所示"文字"选项，文字设为仿宋字体，高度设为 4。选择"单元格"选项，把"文本对齐"方式设为中心，在"边界"选项中把中间和中心线宽度设为 0~13 mm。由此形成外边框粗、内部线较细的表格，根据需要合并单元格，双击单元格输入相应的文本内容，制作成如图 6-8 所示的表格。

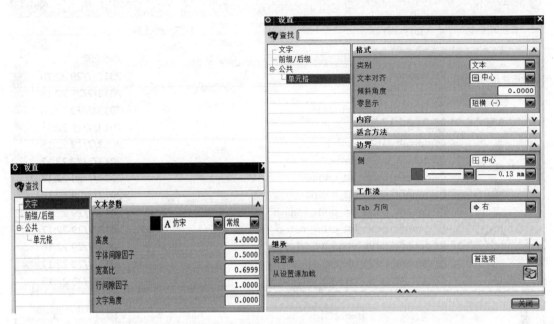

图 6－7　表格设置

图　名		比例		图　号	
		数量			
制图		重量		材料	
设计			机电分院XX班		
审核					

图 6－8　标题栏

　　单击右键，打开"另存为模板"对话框，把做好的标题栏命名为"table01"，保存在 table_files 文件夹下，完成文本框的保存，如图 6－9 所示。

2. 调用标题栏

　　打开资源板"表"，找到制作好的表格模板，直接拖入图纸中，如图 6－10 所示，单击右键，选择"设置"，把对齐位置设为"右下"　。单击右键，选择"编辑"命令，打开如图 6－11 所示的对话框，指定标题栏应放置的位置，完成标题栏的调用，如图 6－12 所示。

图 6 - 9　保存模板

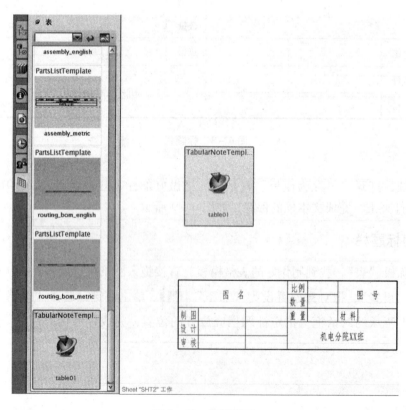

图 6 - 10　调用模板

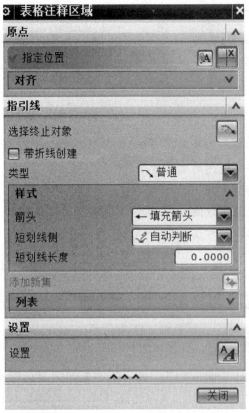

图 6 – 11 "表格注释区域"对话框

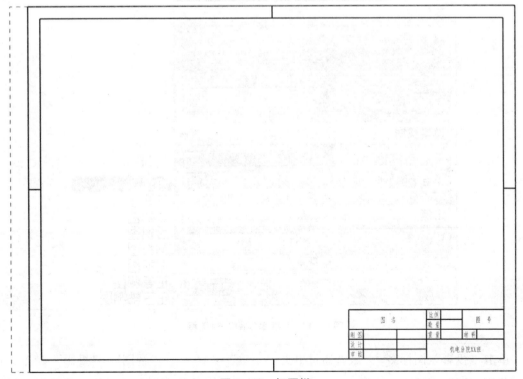

图 6 – 12 标题栏

任务二　生成常用视图

任务目标 >>

1. 掌握添加基本视图和投影视图的方法。
2. 熟悉全剖视图和半剖视图的创建方法。
3. 掌握局部视图的绘制方法。
4. 掌握局部放大图的绘制方法。
5. 掌握添加断面图的操作方法。
6. 掌握标注的应用。

一、添加基本视图和投影视图

单击"基本视图"按钮，打开如图6-13所示的对话框，根据零件表达方法，可以选择所需的视图为基本视图，即主视图。在"基本视图"对话框中还可以对工程图的比例进行设置。

图6-13　"基本视图"对话框

单击"投影"图标，或者通过单击"菜单"→"插入"→"视图"→"投影"命令，打开"投影视图"对话框，如图6-14所示。选择要投影的父视图，鼠标移动到投影的对应位置就可生成所需要的投影图，如图 6 – 15 所示。

图 6 – 14　"投影视图"对话框

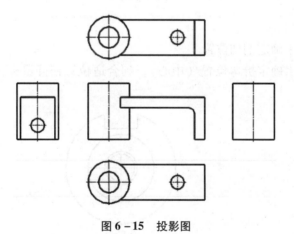

图 6 – 15　投影图

二、全剖视图和半剖视图

由机械制图知识可知，在物体内部结构比较复杂时，仅仅依靠基本投影不能清晰地表达物体的结构，在 UG NX 中，同样可以对物体进行剖切表达。

1. 全剖视图

单击"剖视图"图标 ，或者通过单击"菜单"→"插入"→"视图"→"截面"→"简单剖/阶梯剖",打开"剖视图"对话框,如图6-16所示。

①单击选择父视图。

②通过鼠标单击来确定剖切位置。

③移动鼠标指定剖视图的剖切线,到合适位置松开鼠标按键,得到全剖视图,如图6-17所示。

图6-16 "剖视图"对话框

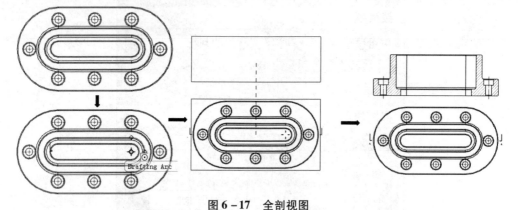

图6-17 全剖视图

2. 半剖视图

当零件对称时,可以采用半剖的表达方式,既可以保留外部轮廓,又可以表达内部结构。通过单击"菜单"→"插入"→"视图"→"截面"→"半剖",打开"半剖视图"对话框,如图6-18所示。

①单击选择父视图。

②通过鼠标单击来确定剖切位置。

③通过鼠标单击来确定折弯位置(中心),到合适位置松开鼠标按键,得到半剖视图,如图6-19所示。

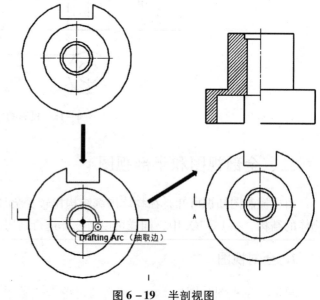

图6-18 "半剖视图"对话框   图6-19 半剖视图

三、局部剖视图

1. 绘制草图曲线

选择要局部剖的视图，单击右键，在弹出的快捷菜单中选择"活动草图视图"，单击草图工具中的"艺术样条"按钮，绘制如图6-20所示样条曲线。

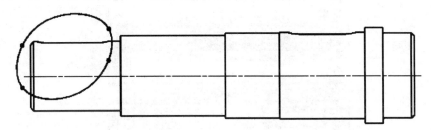

图6-20 样条曲线

2. 打开"局部剖视图"对话框

单击"局部剖视图"图标 ，或者通过单击"菜单"→"插入"→"视图"→"截面"→"局部剖"命令，打开"局部剖视图"对话框。

3. 选择要生成局部剖的视图

4. 定义基点

可根据实际情况进行选择，这里选择最左端的圆心为基点。

5. 定义拉伸矢量

这里直接单击鼠标中键进入下一步。

6. 选择断裂线

单击前面步骤画好的样条曲线，单击"应用"按钮，得到局部剖视图，如图6-21所示。选择边界曲线。

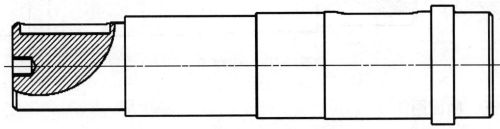

图6-21 局部剖视图

四、局部放大图

单击"局部放大图"图标 ![icon]，或者通过单击"菜单"→"插入"→"视图"→"局部放大"命令，打开"局部放大图"对话框，如图 6-22 所示。

图 6-22　"局部放大图"对话框

类型设为"圆形"，制订放大部分的圆心和边界来绘制放大区域，如图 6-23 中圆形所示，选择放大比例。鼠标移动到合适位置，松开鼠标按键即可得到局部放大图，如图 6-23 所示。

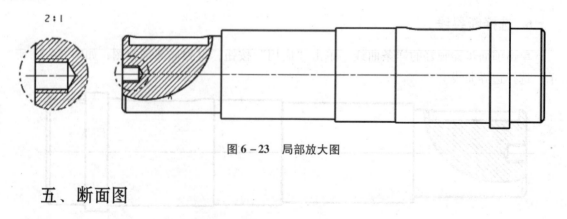

图 6-23　局部放大图

五、断面图

①采用全剖视图的方法对要断面的位置进行投影，如图 6-24 所示。

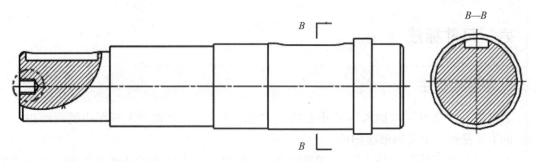

图 6 - 24　断面图

②单击右键，在快捷菜单中选择"设置"，打开如图 6 - 25 所示对话框，取消勾选 显示背景 ，得到如图 6 - 26 所示的断面图。

图 6 - 25　"设置"对话框

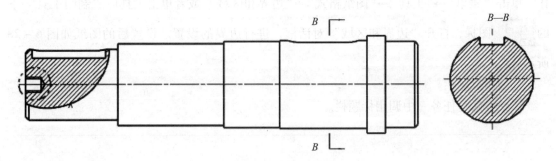

图 6 - 26　断面图

六、尺寸标注

1. 中心线标注

通过单击"菜单"→"插入"→"中心线"→"中心标记"，可以对工程图中的圆形进行中心线的生成操作，单击圆形线即可。

通过单击"菜单"→"插入"→"2D 中心线"，可以对工程图中的非圆图形进行中心线的生成操作，单击要形成中心线的两条边线即可。

2. 尺寸标注

具体标注详见综合练习中的案例。

任务三　综合练习

任务目标 >>

1. 掌握工程图首选项设置。
2. 掌握标题栏的制作和调用的应用。
3. 根据零件的特点，选择合适的表达方式。

绘制如图 6 – 27 所示的顶尖的工程图。

1. 制图的前期工作

①在 UG NX 软件中打开顶尖零件图，通过"应用模块"下的 工具图标进入制图环境，单击 完成图纸页的创建，这里选择 A3 图纸。

②如果前期有制作好的 A3 图纸模板，这里可以直接调用，如果没有，也可以临时制作。单击"菜单"→"工具"→"图纸格式"→"边界和区域"或者单击工具栏"制图工具"下的 图标，打开"边界和区域"对话框，进行边界的设置。设置后的图纸如图 6 – 28 所示。

③调用标题栏。

详细方法见任务一中调用标题栏。

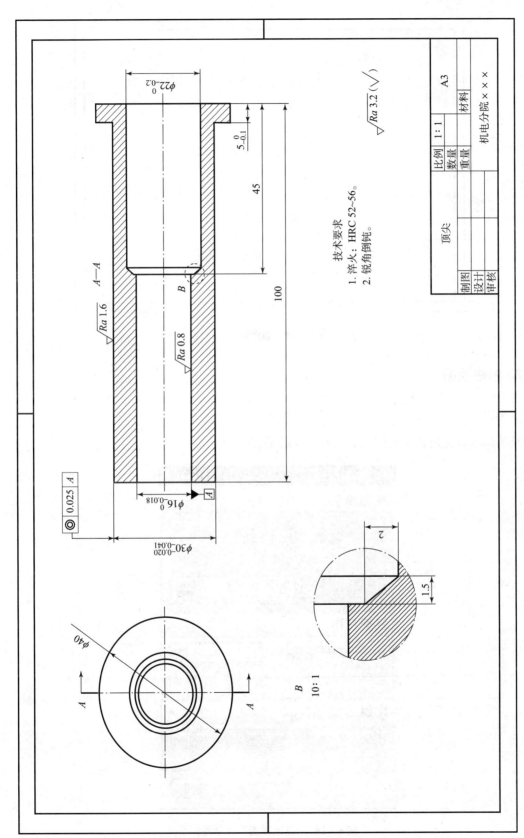

图6-27　顶尖工程图

技术要求
1. 淬火：HRC 52~56。
2. 锐角倒钝。

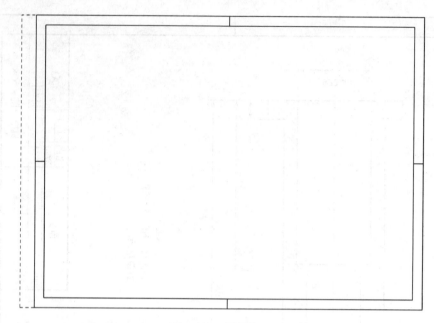

图 6 – 28　制作图纸

2. 创建视图

①单击工具栏中的 图标，打开"基本视图"对话框，参数设置如图 6 – 29 所示。在图纸的适当位置放置主视图，如图 6 – 30 所示。

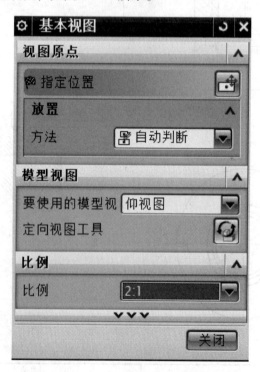

图 6 – 29　"基本视图"对话框

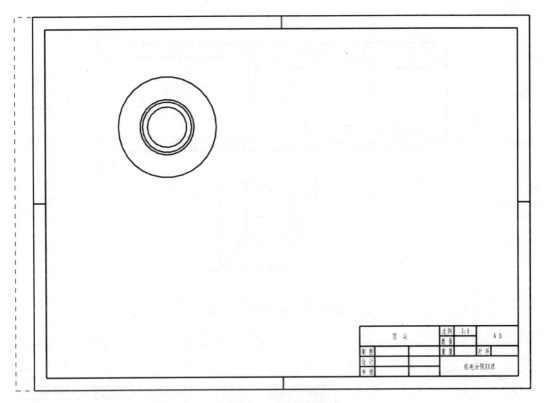

图 6 – 30　主视图

②单击工具栏中的 图标，对基本视图进行全剖，如图 6 – 31 所示。

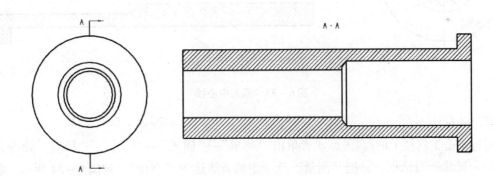

图 6 – 31　创建全剖视图

③单击工具栏上的 图标，对倒角部分进行局部放大，如图 6 – 32 所示。

3. 标注

①标注中心线。

单击"中心标记"命令，选取基本视图的圆边，自动生成中心标记，中心线的长短可以根据需求进行调节；同理，单击"2D 中心线"命令，对全剖视图进行中心标记，如图 6 – 33 所示。

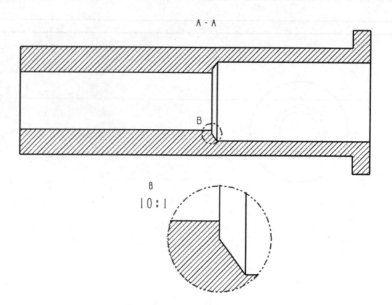

图 6 – 32　创建局部放大图

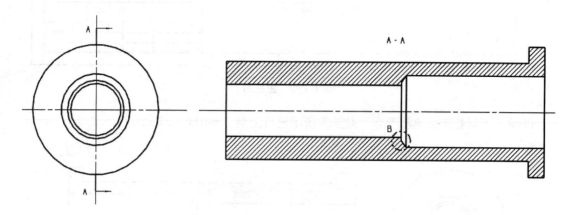

图 6 – 33　插入中心线

②尺寸标注。

通过单击工具栏上的 图标或者单击"菜单"→"插入"→"尺寸"→"径向"命令，打开"径向尺寸"对话框，并把"测量"选项中的方法选为"直径"，如图 6 – 34 所示。单击圆边即可进行圆直径的标注。如果要调整尺寸文本和尺寸线的位置关系，可以在放置尺寸前单击鼠标右键，在弹出的快捷菜单中对"文本方向"进行设置。同理，可以对其他径向尺寸进行标注。

③如果所有的圆形尺寸都标注在主视图上，会使主视图标注线过于杂乱，所以也可以考虑在剖视图上进行表达。通过单击工具栏上的 图标或者单击"菜单"→"插入"→"尺寸"→"快速"命令，打开"快速尺寸"对话框，将"测量"方法改为"圆柱形"，分别单击要进行标注的 $\phi30$ 的两条边界线，鼠标停顿后，显示出如图 6 – 35 所示的预览效果。单击 按钮，然后单击靠近 30 的 按钮，此时弹出"尺寸编辑"对话框，如图 6 – 36 所示。单击左上角第一个 ，对公差的类型进行设置。在公差文本框中分别输入 – 0.020、– 0.041。然

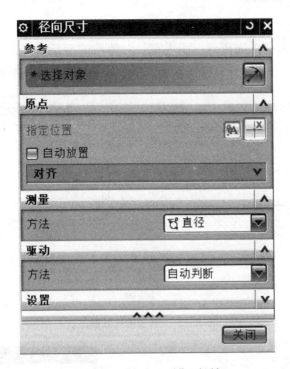

图 6 – 34 "径向尺寸"对话框

后单击文本框中的 按钮，对小数点后有效数字的位数进行设置，此处设为3。用同样的方法进行其他尺寸的标注。

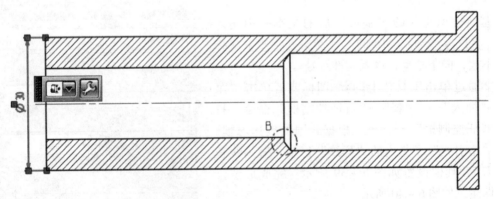

图 6 – 35 编辑尺寸方法

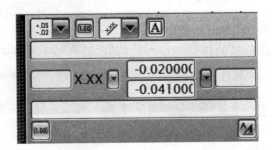

图 6 – 36 "尺寸编辑"对话框

④通过单击工具栏上的图标或者单击"菜单"→"插入"→"尺寸"→"线性"命令，打开"线性尺寸"对话框，选择剖视图中左、右两端的两条边线，出现长度100的标注，在合适位置放置好即可。用同样方法完成其他线性尺寸的标注，如图6－37所示。

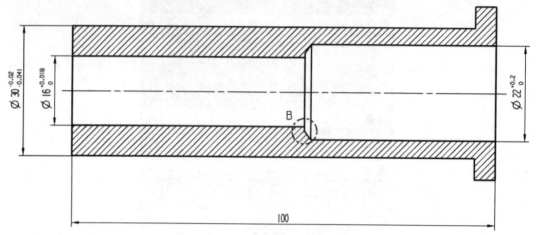

图6－37　剖视图尺寸标注

4. 形位公差标注

①通过单击工具栏上的图标或者单击"菜单"→"插入"→"注释"→"基准特征符号"命令，打开"基准特征符号"对话框，如图6－38所示。在"基准标识符"的"字母"后的文本框中输入"A"。将鼠标移动到$\phi16$的尺寸箭头处，按下鼠标左键不放，向下拖动，放置基准符号。

②通过单击工具栏上的图标或者单击"菜单"→"插入"→"注释"→"特征控制框"命令，打开"特征控制框"对话框。根据我国的表达习惯，展开"指引线"子集内的"样式"区域，短画线长度设为5，其他设置如图6－39所示。完成形位公差的标注，如图6－40所示。

5. 粗糙的标注

通过单击工具栏上的图标或者单击"菜单"→"插入"→"注释"→"表面粗糙的符号"命令，打开"表面粗糙度"对话框。在 属性 区域 除料 下拉菜单中选择 √需要除料 ，在 下部文本(a2) 文本框中输入粗糙度值1～6，选择合适的位置放下即可。用同样方法标注其他粗糙度。

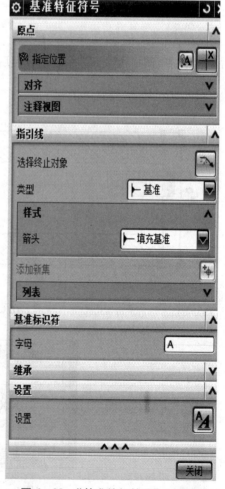

图6－38　"基准特征符号"对话框

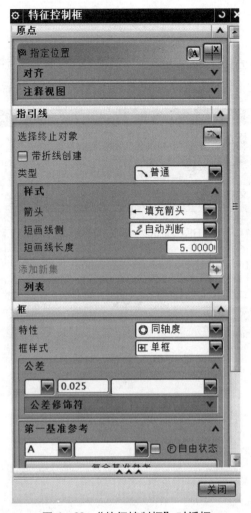

图 6 - 39 "特征控制框"对话框

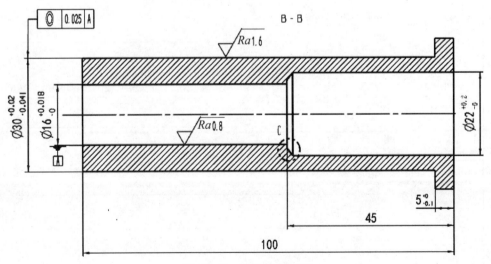

图 6 - 40 形位公差标注

6. 注释

通过单击工具栏上的 **A** 图标或者单击"菜单"→"插入"→"注释"→"注释"命令，打开"注释"对话框，在文本输入区输入如图 6–41 所示文字，然后在合适的位置放下。

图 6–41 "注释"对话框

7. 保存工程图

项目七　UG NX 9.0 CAM

【项目介绍】

数控加工是在数控机床上进行零件加工的一种工艺方法，也是用数字信息控制零件和刀具位移的机械加工方法。它是解决零件品种多样、批量小、形状复杂、精度高等问题和实现高效与自动加工的有效途径。

UG NX 9.0 CAM 能够模拟数控加工全过程，包括创建模型，进入加工环境，进行 NC 操作（创建几何体、刀具、程序等），进行加工仿真，生成 NC 代码等。

任务一　平面铣削

任务目标 >>

平面铣削是 UG NX 9.0 CAM 加工中最基础，也是最实用的一种铣削方式，主要应用于粗加工。当然，平面铣削类型较多，也有用于半精加工和精加工的。

重点内容：

1. 平面铣削概述。
2. 平面铣削加工几何体。
3. 平面铣削刀轨设置。
4. 平面铣削基本工序子类型。
5. 平面铣削特殊工序子类型。

一、平面铣削概述

1. 平面铣削的特点

①基于边界曲线来计算，生成速度快。

②可以方便地定义边界，以及边界与道具之间的位置关系。

③属于平面二维刀轨。

从平面铣削的特点来看，平面铣不是由三维实体来定义的加工几何，而是通过边或曲线创建的边界线来确定加工区域。这是平面铣区别于其他加工方式的一个特点。

2. 平面铣削的工序子类型

平面铣削的工序子类型在 mill_planar 模板内，是基于水平切削层上创建刀路轨迹的一种加工类型，如图 7 - 1 和表 7 - 1 所示。

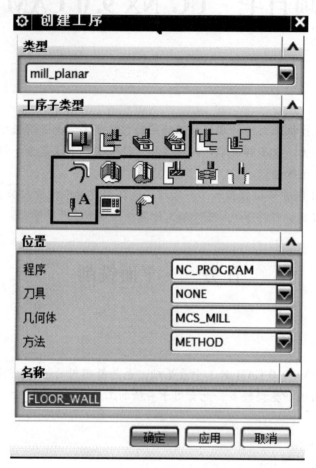

图 7 - 1 "创建工序"对话框

表 7 - 1 平面铣削的工序子类型

图标	中文名称	说明
	平面铣	适用于各种切削模式进行平面类工件的粗加工和精加工
	平面轮廓铣	适用于无须指定几何体，仅使用"轮廓加工"切削模式精加工侧壁轮廓
	清理拐角	适用于使用"跟随部件"切削模式清除以前操作在拐角处余留的材料
	精加工壁	适用于使用"轮廓加工"切削模式精加工侧壁轮廓，在默认情况下，自动在底平面留下余量

图标	中文名称	说明
	精加工底面	适用于使用"轮廓加工"切削模式精加工平面，在默认情况下，自动在侧壁留下余量
	槽铣削	需要指定部件和毛坯几何体，使用 T 形刀加工 T 形槽
	铣削孔	适用于加工非常大而不能使用钻削方法加工的凸台或孔
	螺纹铣	适用于在余留孔内铣削螺纹
	平面文本	直接在平的曲面上雕刻文本

二、平面铣削的加工几何体

由于平面铣削是二维线框加工，在平面铣的基本工序子类型中，都需要指定部件边界和毛坯边界才能加工。

1. 平面铣削的几何体

在 mill_planar 加工模块下，单击"创建工序"按钮，打开"创建工序"对话框。选择基本类型"平面铣"，单击"确定"按钮，弹出"平面铣"对话框，如图 7 – 2 所示。

从打开的"平面铣"对话框的"几何体"选项区中可以看出，平面铣设置了几何体。这是因为如果单个工序作为整个加工的最后一环，可无须指定几何体；但是如果该工序是整个加工工序过程中的一环（有粗加工、半精加工、精加工），那么指定几何体就可以通过 3D动态仿真了。因为每道工序都是通过指定的相同几何体进行加工的。

在 UG NX 9.0 CAM 中，有两种方

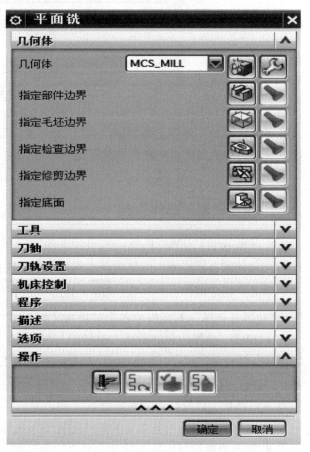

图 7 – 2　"平面铣"对话框

法设定几何体：一是从"插入"组单击"创建几何体"按钮  来创建；二是从图7-2所示的"平面铣"对话框的"几何体"选项区创建。打开"新建几何体"对话框，如图7-3所示。

图7-3 "新建几何体"对话框

平面铣削的几何体子类型包括 MCS 坐标系、毛坯几何体、铣削边界几何体和部件几何体。铣削边界几何体可以在此创建，也可以在"平面铣"对话框的"几何体"选项区中逐一创建。

2. 平面铣削的部件边界

边界定义一个刀轨或区域。利用"平面铣"对话框的"几何体"选项区中的"指定部件边界"功能，指定加工区域边界来表示加工的部件。

单击"指定部件边界"按钮 ，弹出"边界几何体"对话框，如图7-4所示。

"边界几何体"对话框中各个选项含义如下：

• 模式：选择边界的方法。包括面、曲线/边、边界和点。"面"方式是选择切削区域的面作为部件的边界；"曲线/边"方式是选择加工区域的边或用户创建的线作为部件的边界；"边界"方式是指选择永久边界作为当前部件的边界；"点"方式是通过打开的"创建边界"对话框，以选择点来确定直线（即边界）。

• 名称：可以为当前指定的部件边界输入名称，便于查找和编辑。

• 列出边界：当边界选择方式为"边界"时，此按钮被激活。单击此按钮，可以列出模型中已定义的永久边界。

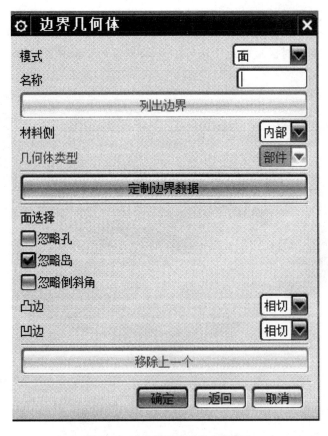

图 7 - 4　"边界几何体"对话框

- 几何体类型：显示用户创建的边界类型（部件、毛坯、检查、修剪）。
- 材料侧：不被切削的部分，即要保留材料的部分。包括"内部"和"外部"两个选项。"内部"表示部件边界内部的材料为保留部分（不切削）；"外部"表示部件边界以外的材料为保留部分。

材料不再被切削，所以其材料侧应选择"内部"。若是以"曲线/边"方式来定义部件边界，可在要切削区域的边上选择，所以边界的材料侧应选择为"外部"。如图 7-5 所示。

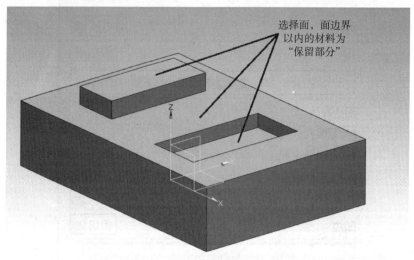

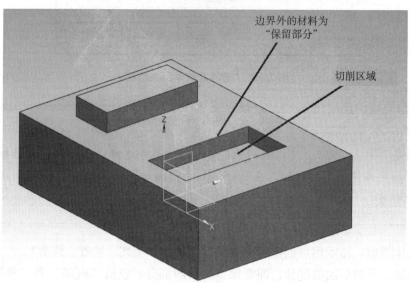

图 7-5　封闭区域材料侧的选择

开放区域材料侧的选择：开放区域材料侧分为"左"和"右"（这是以屏幕方位来划分的）。在加工零件中选择一条边界，根据所在方位，判断出保留材料为边界的哪一侧，如图 7-6 所示。

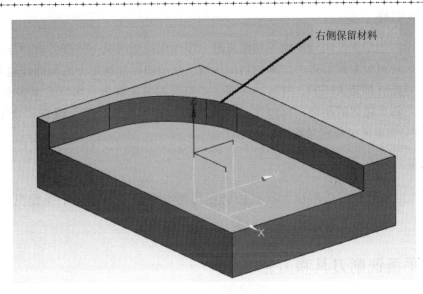

右侧保留材料

图 7 - 6　开放区域材料侧的选择

- 定制边界数据：为部件边界设置公差、余量、毛坯距离、切削进给等数据。
- 忽略孔：使程序忽略用户选择，用来定义边界上的孔。如果将此选项切换为"关闭"，则程序会在所选面上围绕每个孔创建边界。
- 忽略岛：使程序忽略用户选择，用来定义边界上的岛。如果将此选项切换为"关闭"，则程序会在所选面上围绕每个岛创建边界。
- 忽略倒斜角：指定在通过所选面创建边界时是否识别相邻的倒斜角、圆角和倒圆。将"忽略倒斜角"切换为"关"时，就会在所选面的边上创建边界；当切换为"开"时，创建的边界包括所选定的面相邻的倒斜角、圆角和倒圆。
- 凸边：对于开放区域，凸边是开放区域的边。使用"凸边"功能可以为沿着所选面的凸边出现的边界成员控制刀具位置。包含两个选项："相切"和"对中"。"相切"是指刀具外轮廓与刀路相切；"对中"是指刀具中心点在刀路上。
- 凹边：凹边的概念和凸边的相反，是指在封闭区域的内侧边。
- 移除上一个：单击此按钮，将移除上一个指定的单条边界。

3. 平面铣削的毛坯边界

毛坯边界定义了毛坯体积。在"几何体"选项区单击"指定毛坯边界"按钮，弹出"边界几何体"对话框，如图 7 -4 所示。设置方法与部件边界的相同，一般选取曲线和边、面、永久边界来定义边界，应将边界放置在材料顶部。

4. 检查边界

使用检查边界功能及指定的部件几何体来定义刀具必须避免的区域，即走刀时必须绕过的边界区域。比如夹具。检查边界的指定方法与部件边界的相同。

5. 修剪边界

在每一个切削层上使用修剪边界功能来进一步约束切削区域。将修剪边界与指定的部件几何体组合，可以舍弃修剪边界之外的切削区域。修剪边界的指定方法与部件边界的相同。

修剪边界始终都是关闭的，并且始终都位于打开刀具位置上，可以定义多个修剪边界。要定义刀具与修剪边界的距离，可以在"边界"对话框中指定余量，或在"余量"选项卡上的"切削"文本框中指定余量。

6. 底面

"底面"定义最后的切削层，所有的切削层都与底面平行。每个操作只能定义一个底面。

三、平面铣削刀具和刀轴

1. 刀具

"刀具"选项区主要用来设置刀具类型、尺寸、手工换刀、刀具补偿等。在"刀具"下拉列表中选择已定义的刀具并进行设置，如图 7-7 所示。

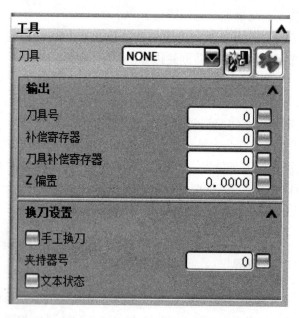

图 7-7 "刀具"选项区的选项

单击"新建"按钮 ，可以创建新的刀具，并将其放在工序导航器的机床视图中以备用，如图 7-8 所示。选择相应类型的刀具，弹出如图 7-9 所示的对话框，设置好新刀具的类型和尺寸、刀具补偿等参数即可。

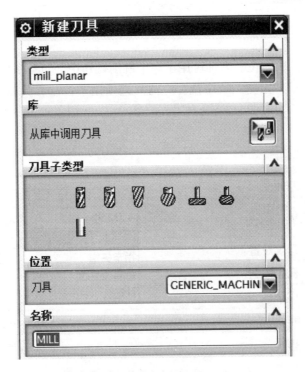

图 7 - 8　"新建刀具"对话框

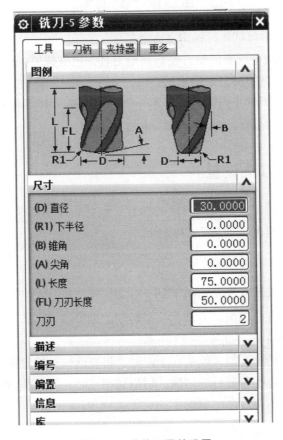

图 7 - 9　具体刀具的设置

2. 刀轴

刀轴就是切削刀具的方位。刀轴可用于多个铣削操作中，包括深度加工、5 轴铣削、可变轮廓操作、一般运动、探测、顺序铣。"轴"选项用于控制刀具相对于机床坐标系的方位，如图 7 – 10 所示。

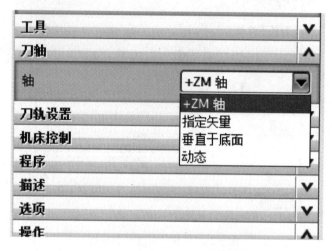

图 7 – 10　"轴"选项

在"轴"下拉列表中包括 4 种轴定义方法。

- $+ZM$ 轴：将机床坐标系的轴方位指派给刀具，也就是说，刀具始终和 ZM 轴重合。
- 指定矢量：通过选定矢量来确定轴。
- 垂直于底面：将刀轴定向为垂直于第一个选定的面，主要用于面铣削操作。
- 动态：可以在图形窗口中操作矢量，以指定刀轴。

四、平面铣削刀轨设置

使用刀轨设置选项可以设定控制刀轨的参数，包括指定切削模式、切削层、切削参数、非切削移动、进给率和速度，如图 7 – 11 所示。

1. 切削模式

平面铣的切削模式共有 8 种，如图 7 – 12 所示。

单向：始终以一个方向切削。刀具在每个切削结束处退刀，然后移动到下一切削刀路的起始位置。保持顺铣或逆铣。如图 7 – 13 所示。

单向轮廓：与单向切削类似，但是在下刀时，将在前一行的起始点位置下刀，然后沿轮廓切削到当前行的起点进行当前行的切削；切削到端点时，沿轮廓切削到前一行的端点。使用该方式将在轮廓周边不留残余。如图 7 – 14 所示。

图7-11 平面铣的刀轨设置选项

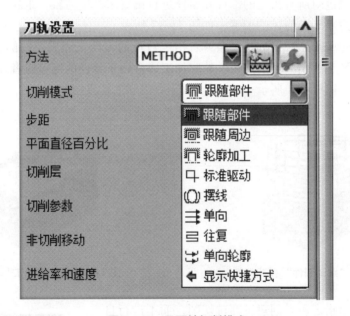

图7-12 平面铣切削模式

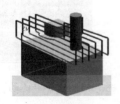

图7-13 "单向"模式切削

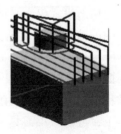

图7-14 "单向轮廓"模式切削

往复：往复切削的刀轨在切削区域内沿平行直线来回加工。使用往复切削方法时，顺铣、逆铣交替产生，去移除材料的效率较高。如图 7 – 15 所示。

跟随周边：跟随周边通过对切削区域的轮廓进行偏置，产生环绕切削的刀轨。跟随周边切削方式适用于各种零件的粗加工。如图 7 – 16 所示。

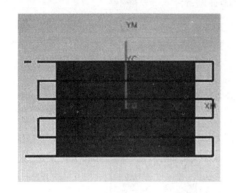

图 7 –15　"往复"模式切削

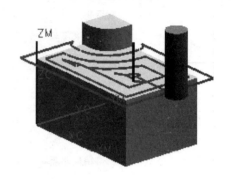

图 7 –16　"跟随周边"模式切削

跟随部件：通过对所有指定的部件几何体进行偏置来产生刀轨。跟随部件相对于跟随周边而言，将不考虑毛坯几何体的偏置。如图 7 – 17 所示。

轮廓加工：轮廓加工用于创建一条或者指定数量的刀轨来完成零件侧壁或轮廓的切削。可以用于敞开区域和封闭区域的加工。轮廓加工通常用于零件的侧壁或者外形轮廓的精加工或者半精加工。如图 7 – 18 所示。

图 7 –17　"跟随部件"模式切削

图 7 –18　"轮廓加工"模式切削

标准驱动：沿指定边界创建轮廓铣切削，而不进行自动边界修剪或过切检查。可以指定刀轨是否允许自相交及碰撞检查。此切削模式仅在平面铣中可用。适用于加工模具型芯零件中的流道，以及圆弧或其他界面形状的凹槽。如图 7 – 19 所示。

摆线：摆线加工通过产生一个小的回转圆圈，从而避免在切削过程中全刀切入时切削材料量过大。摆线加工适用于高速加工，可以减小刀具负荷。如图 7 – 20 所示。

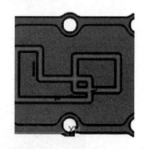

图 7 –19　"标准驱动"模式切削

向外摆线

向内摆线

图 7-20 "摆线"模式切削

2. 设置步距

步距是指切削刀路之间的距离。用户可以通过直接输入一个常数值或刀具直径的百分比来指定该距离，也可以通过间接输入残余高度并使程序计算切削刀路间的距离来指定该距离。"步距"下拉列表中的 4 个选项含义如下。

（1）恒定

"恒定"是在连续的刀路间指定固定距离。如果刀路之间的距离没有均匀分割为区域，程序会减小刀路之间的距离，以便保持恒定步距，如图 7-21 所示。

（2）残余高度

"残余高度"选项指定两个刀路间剩余材料的高度，从而在连续切削刀路间确定固定距离。程序将计算所需的步距，从而使刀路间的残余高度为指定距离，如图 7-22 所示。

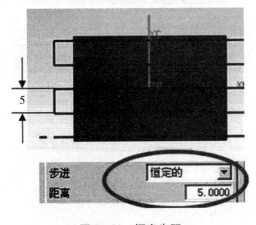

图 7-21 恒定步距

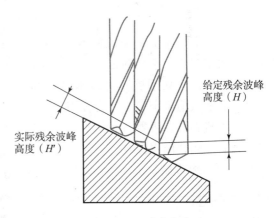

给定残余波峰高度（H）

实际残余波峰高度（H'）

图 7-22 残余高度

由于边界形状不同，所计算出的每次切削的步距也不同，为了保护刀具在移除材料时不至于负载过重，最大步距被限制在刀具直径的 2/3 以内。

（3）刀具平直百分比

"刀具平直百分比"选项是以指定刀具的有效直径的百分比，在连续切削刀路间建立的固定距离，如图 7-23 所示。

对于球头铣刀，程序将其整个直径作为有效的刀具直径，对于其他刀，有效直径 D 按 $D-2R$ 计算。其中，D 为刀具直径；R 为刀具圆角半径。

（4）多个

"多个"选项可以为"跟随部件""跟随周边""轮廓铣"和"标准驱动"切削模式创建步距，如图 7-24 所示。

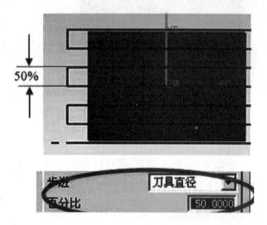

图 7-23　刀具平直百分比

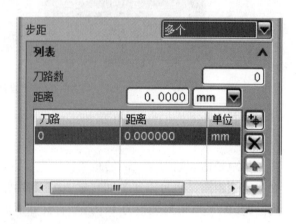

图 7-24　"多个"选项

通过"多个"选项，可以指定多个步距和相应的刀路数。刀路列表中的第一行对应于最靠近边界的刀路，随后的行朝着腔中心行进。所有刀路的总数不等于要加工的区域时，软件会从切削区域中心加上或减去刀路。

五、切削层

"切削层"属于平面铣的专有选项，切削层决定多深度操作的过程。切削层也叫切削深度。"切削层"可以由岛顶部、底平面和输入值来定义，只有在刀具轴与底面垂直或者部件边界与底面平行的情况下，才会应用切削层参数。

在"刀轨设置"选项区单击"切削层"按钮，弹出"切削层"对话框，如图 7-25 所示。对话框中包含 5 种切削深度参数类型。

图 7-25　"切削层"对话框

1. 用户定义

此类型为用户自定义参数类型，允许在下方激活的参数文本框内设定值，如图 7-26 所示。通过选择面定义的范围来保持与部件的关联性，但部件的临界深度不会自动删除。

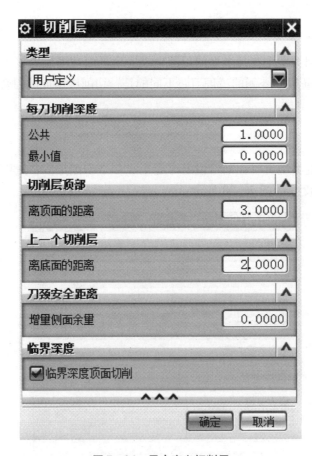

图 7 – 26　用户定义切削层

2. 仅底面

"仅底面"切削深度类型是指在底平面生成单个切削层，如图 7 – 27 所示。

图 7 – 27　仅在底平面生成单个切削层

3. 底面及临界深度

"底面及临界深度"切削深度类型是在底平面上生成单个切削层，接着在每个岛顶部生成一条清理轨迹。清理刀路仅限于每个岛的顶面，并且不会切削岛边界外侧。

4. 临界深度

"临界深度"切削类型是在每个岛的顶部生成一个平面切削层，接着在底平面生成单个切削层。与不会切削岛边界外侧的清理刀路不同的是，切削层生成的刀轨可以移除每个平面层内的所有毛坯材料。

5. 恒定

"恒定"切削深度类型可以在某一恒定深度生成多个切削层。"公共"文本框用来输入单个切削层的切削深度。如图 7 – 28 所示。

图 7 – 28 "恒定"类型切削层

六、切削参数

"切削参数"选项用于修改操作的切削参数。不同的类型、子类型和切削模式确定了不同切削参数设置对话框。在 8 种切削模式中，每个切削参数设置对话框都不同，这里不一一介绍，以其中一种模式（"跟随部件"）为例进行讲解，如图 7 – 29 所示。

"切削参数"对话框中包含 6 个选项标签：策略、余量、拐角、连接、空间范围、更多。

切削方向：根据材料侧或边界方向，以及主轴旋转方向计算切削方向。包括顺铣、逆铣、跟随边界和边界方向 4 种，如图 7 – 30 所示。

切削顺序：层优先，选择该下拉选项，指定刀具在切削零件时，切削完工件上所有区域的同一高度的切削层之后再进入下一层的切削；深度优先，选择该下拉选项，指定刀具在切削零件时，将一个切削区域的所有层切削完毕后再进入下一个切削区域进行切削，如图 7 – 31 所示。

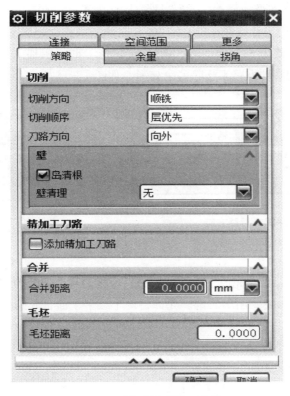

图 7 - 29　"切削参数"对话框

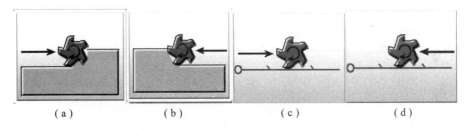

（a）　　　　（b）　　　　（c）　　　　（d）

图 7 - 30　切削方向

（a）顺铣；（b）逆铣；（c）跟随边界；（d）边界方向

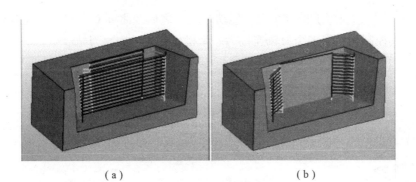

（a）　　　　　　　　　　（b）

图 7 - 31　切削顺序

（a）层优先；（b）深度优先

刀路方向：适用于"跟随周边"和"摆线"切削模式。包括"向内"和"向外"两种。"向内"是在部件周边开始并在中心结束，"向外"则相反，如图7－32所示。

岛清根：当切削模式为"跟随周边"和"轮廓铣"时，粗加工刀路需要设置岛清根，在各岛周围添加完整的清理刀路来移除多余材料，如图7－33所示。

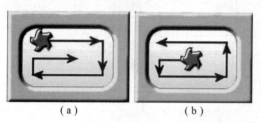

图7－32　刀路方向

（a）向内；（b）向外

图7－33　岛清根

精加工刀路：控制刀具在完成主要切削刀路后所做的最后切削的一条或多条刀路。

合并："合并距离"主要用于面铣。允许将两个或多个面合并到单个刀轨，以减少进刀和退刀。

毛坯距离：适用于型腔铣、平面铣和面铣削工序。指定应用于部件边界或部件几何体，以生成毛坯几何体的偏置距离。

余量：设置加工余量和内外公差。

拐角：主要用于控制切削运动的光滑过渡。

连接：定义切削运动间的运动方式。

空间范围：控制刀具夹持器的使用。

使用刀具夹持器：有助于避免夹持器与工件的碰撞，并在操作中选择尽可能短的刀具。

更多：定义其他参数，如安全设置和下限平面。

七、非切削参数

"非切削移动"选项用于指定在切削移动之前、之后及之间对刀具进行定位的移动，包括刀具补偿。其控制如何将多个刀轨连接为一个操作相连的完整刀轨。

任务二　型腔铣削加工

🔰 任务目标 >>

型腔铣削与深度轮廓铣削、固定轴曲面轮廓铣削等统称为"轮廓铣削"。由于固定轴曲面轮廓铣削是专用于铣削曲面的工序子类型，因此放在后面讲解，本任务重点介绍型腔铣削与深度轮廓铣削。

型腔铣削与深度轮廓铣削专用于零件的粗加工、半精加工、精加工。

一、轮廓铣削概述

利用"轮廓铣削"中的加工类型可以移除平面层中的大量材料,由于铣削后会残留余料,因此,轮廓铣削最常用于在精加工之前对材料进行粗铣。

1. 轮廓铣削与平面铣削的区别

平面铣削和轮廓铣削是为精加工做准备的两种常用粗加工方法,尤其适用于需大量切除毛坯余量的场合。它们通过逐层切削零件的方式,来创建加工刀具路径,从而粗切出零件的型腔或型芯。不同的是定义几何体的方法,平面铣削使用边界定义加工几何体,而轮廓铣削则可以通过使用边界、面、曲线和实体,并且常用实体来定义模具的型腔和型芯。

(1)平面铣削

平面铣削用于平面轮廓、平面区域或平面孤岛的粗精加工。它平行于零件底面进行多层切削。平面铣削不能加工底面与侧壁不垂直的部位。

(2)轮廓铣削

用于粗加工型腔或型芯区域。它根据型腔或型芯的形状,将要切除的部位在深度方向上分成多个切削层进行切削。轮廓铣削可用于加工侧壁与底面不垂直的部位。

2. 轮廓铣削的工序子类型

轮廓铣削的类型都在 mill_contour 中,如图 7-34 所示。

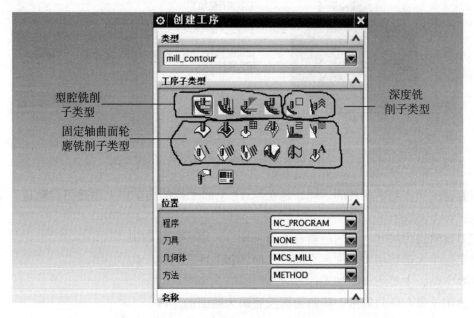

图 7-34 轮廓铣削的工序子类型

二、型腔铣削

型腔铣削共有 4 种工序子类型，见表 7-2。

表 7-2　型腔铣削的工序子类型

图标	中文名称	备注
	型腔铣	该切削类型为腔体类零件加工的基本操作，可使用所有切削模式来切除由毛坯几何体、IPW 和部件几何体所构成的材料量
	插铣	该切削类型适用于使用插铣模式粗加工
	拐角粗加工	该切削类型适用于清除以前刀具在拐角或圆角过渡处无法加工的余留材料
	剩余铣	该切削类型适用于加工以前刀具切削后残留的材料

型腔铣加工能以固定刀轴快速建立 3 轴粗加工刀位轨迹，以分层切削的模式加工出零件的大概形状，在每个切削层上都沿着零件的轮廓建立轨迹，主要用于粗加工，特别适合建立模具的凸模和凹模粗加工刀位轨迹。如图 7-35 所示。

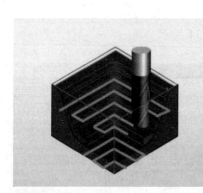

图 7-35　型腔铣的切削层

型腔铣的操作与平面铣的一样，是在与 XY 平面平行的切削层上创建刀位轨迹。其有以下特点：

①刀具轨迹为层状，切削层垂直于刀具轴，一层一层地切削。

②实际中大量使用实体来定义部件几何体和毛坯几何体。

③效率高，主要用于粗加工。

④适用于带有倾斜侧壁、陡峭曲面及底面为曲面的工件。

⑤刀位轨迹创建方便，只要指定零件和毛坯几何体，即可生成刀具轨迹。

三、实例

下面以一个烟灰缸的加工实例来讲解型腔铣粗加工和剩余铣半精加工的使用及一些参数的设置，如图 7 - 36 所示。

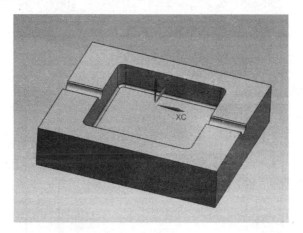

图 7 - 36　烟灰缸的三维造型图

①进入加工环境，选择如图 7 - 37 所示的设置。

图 7 - 37　加工环境设置

②单击"确定"按钮进入加工环境，单击"几何视图"按钮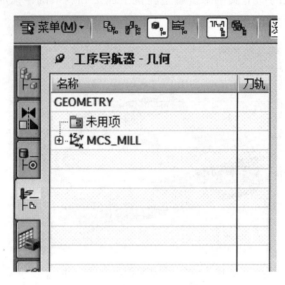，进入"工序导航器"中的"几何"视图，如图 7 – 38 所示。

图 7 – 38　"几何"视图

③双击 WORKPIECE，设置坐标系及安全平面，如图 7 – 39 所示。

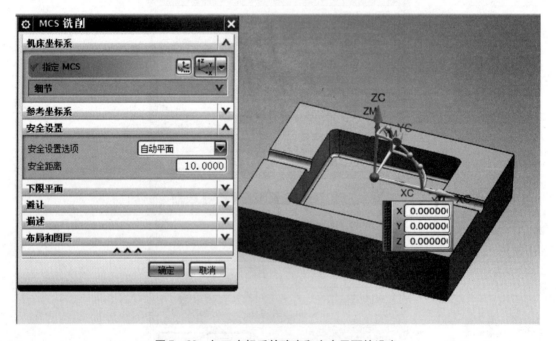

图 7 – 39　加工坐标系的确定和安全平面的设定

单击"确定"按钮，建立图 7-40 所示的加工坐标系。

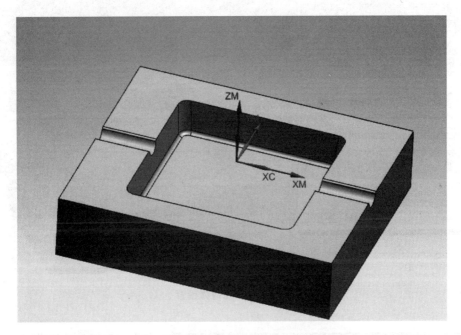

图 7-40　加工坐标系

④双击图 7-41 中的 <img> WORKPIECE，弹出如图 7-42 所示的对话框，设置部件几何体和毛坯几何体。

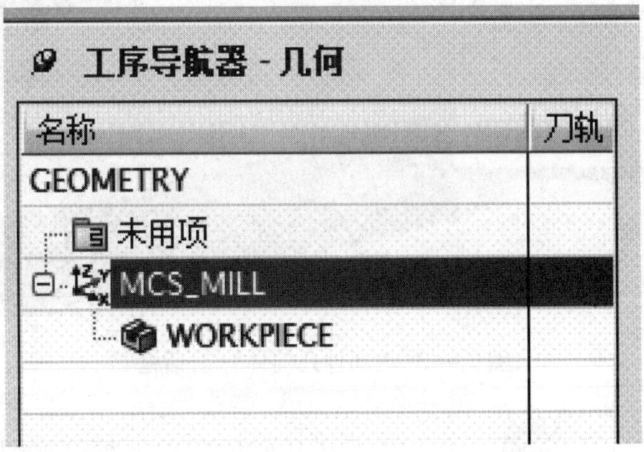

图 7-41　导航器

单击"指定部件"按钮 <img>，进入"部件几何体"对话框，如图 7-43 所示。单击选中要加工的实体，单击"确定"按钮，回到图 7-42 中。

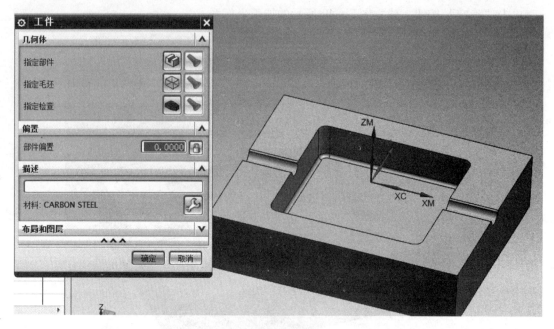

图 7 – 42　几何体设置

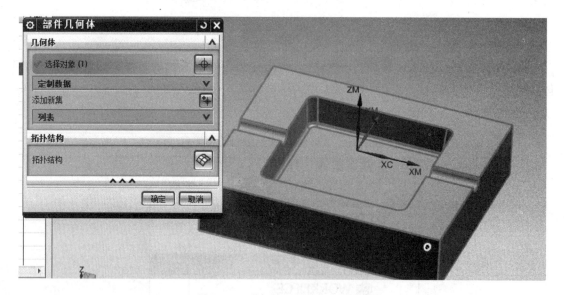

图 7 – 43　"部件几何体"对话框

单击"指定毛坯"按钮 ，进入"毛坯几何体"对话框，如图 7 – 44 所示。选择类型为"包容块"，设置 $ZM +$ 为 5，单击"确定"按钮，完成毛坯几何体的设置。

⑤切换至机床视图，设置所需的刀具。单击"创建刀具"按钮 ，进入"创建刀具"对话框，如图 7 – 45 所示。选择第一种类型的刀具（mill_contour），名称为 D10，单击"确定"按钮，设置刀具的尺寸，如图 7 – 46 所示。

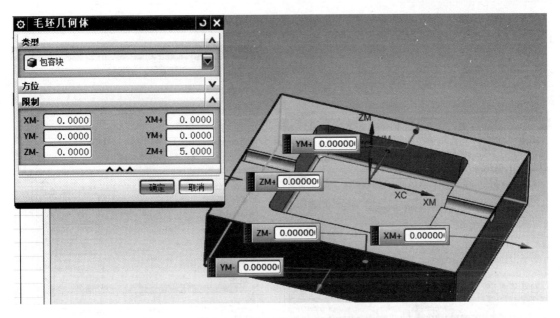

图 7-44　"毛坯几何体"对话框

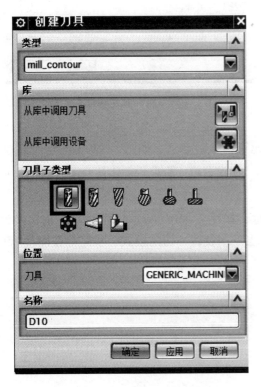

图 7-45　"创建刀具"对话框

图 7-46　铣刀参数设置

建立另一把刀具——球形刀具，名称为 B6，如图 7 - 47 和图 7 - 48 所示。

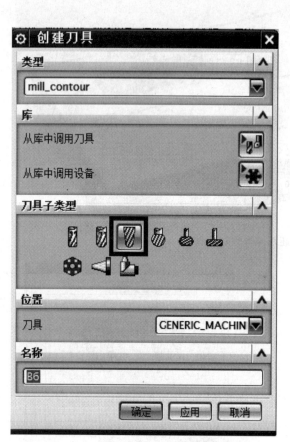

图 7 - 47 "创建刀具"对话框

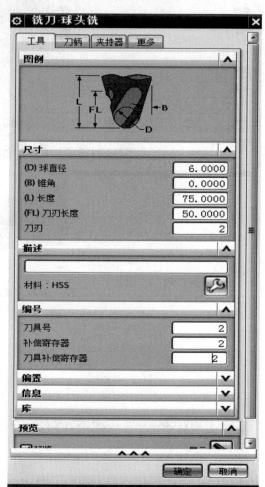

图 7 - 48 刀具参数设置

⑥单击"创建工序"按钮，弹出"创建工序"对话框，如图 7 - 49 所示。选择工序子类型中的第一个子类型"型腔铣"，选择刀具和几何体，方法选择 MILL_ROUGH（粗加工），其余缺省，按照图 7 - 49 所示进行设置。

单击"确定"按钮，进入"型腔铣"对话框，如图 7 - 50 所示。几何体在之前已经设置好，不用再设置，工具已经选择好刀具 D10，也不用设置，切削模式、步距等按图 7 - 50 所示进行设置。

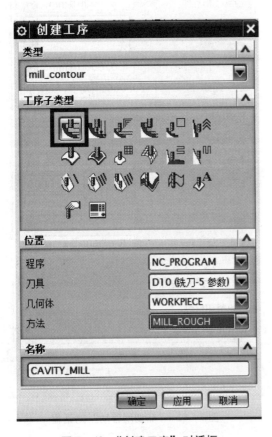

图 7 - 49　"创建工序" 对话框

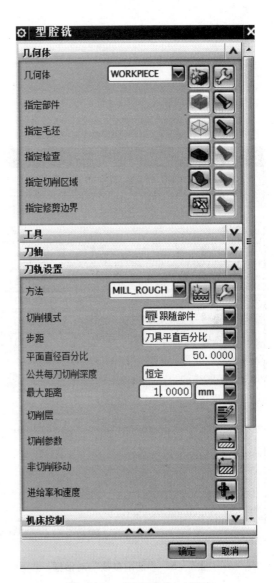

图 7 - 50　"型腔铣" 对话框

　　单击 按钮, 进入 "切削参数" 对话框, 设置 "余量" 选项卡, 按照图 7 - 51 所示来设置。设置好后, 单击 "确定" 按钮。

　　单击 按钮, 进入 "非切削移动" 对话框, 设置 "进刀" 选项卡, 按照图 7 - 52 所示来设置。完成后, 单击 "确定" 按钮。

图 7-51 "切削参数"对话框

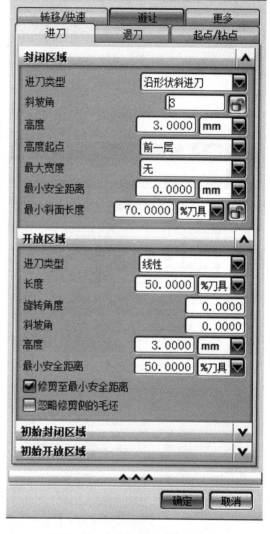

图 7-52 "非切削移动"对话框

单击 ![按钮] 按钮，进入"进给率和速度"对话框，按照图 7-53 所示进行设置。

⑦生成刀具轨迹。单击"型腔铣"对话框底部的"生成"按钮 ![按钮]，生成型腔铣粗加工轨迹，如图 7-54 所示。

⑧单击"确定"按钮 ![按钮]，进行仿真加工，进入"刀轨可视化"对话框，如图 7-55 所示。选择"2D 动态"选项卡，单击 ![按钮] 进行仿真加工，如图 7-56 所示。最终如图 7-57 所示。

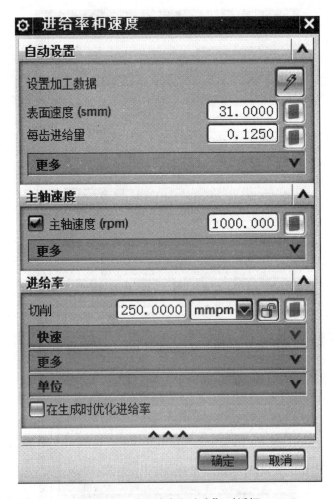

图 7-53 "进给率和速度"对话框

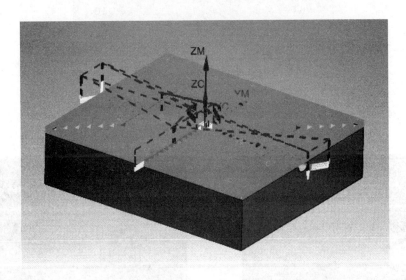

图 7-54 粗加工轨迹

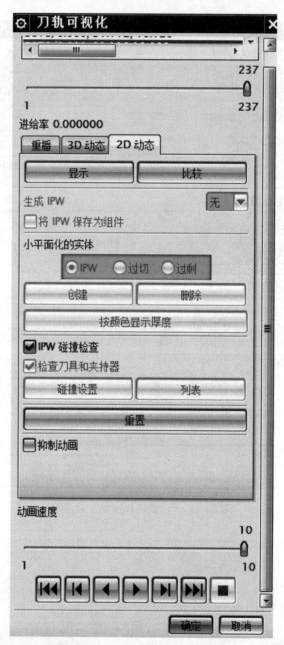

图 7 – 55 "刀轨可视化" 对话框

图 7 – 56 仿真加工

图 7 – 57 粗加工结束

⑨创建"剩余铣"半精加工工序。单击  按钮，进入"创建工序"对话框，如图 7 –
58 所示。选择子类型为"剩余铣"，选择刀具为 B6，几何体选择 WORKPIECE，方法选择
MILL_SEMI_FINISH（半精加工），单击"确定"按钮，进入"剩余铣"对话框，如图 7 –
59 所示。

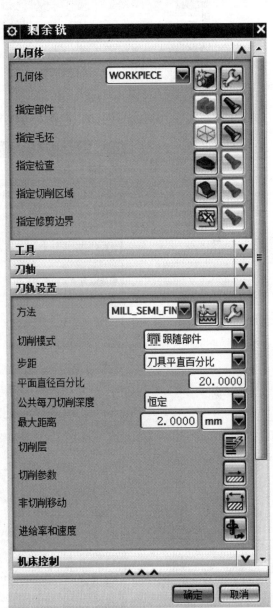

图 7 – 58 "创建工序"对话框　　　　　图 7 – 59 "剩余铣"对话框

单击"指定切削区域"按钮，指定切削区域，如图 7 – 60 所示。选择图中所示的区
域，总共 6 个面。单击"确定"按钮，回到"剩余铣"对话框。

切削模式、步距等按图 7 – 61 所示进行设置。

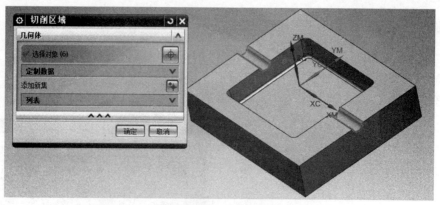

图 7-60　指定切削区域

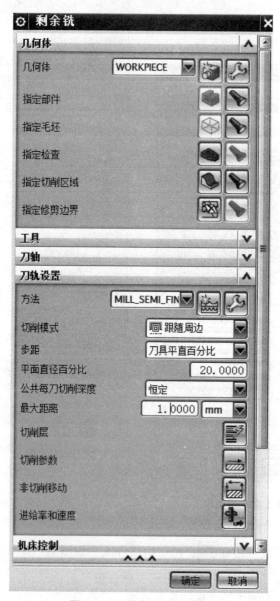

图 7-61　剩余铣参数设置

单击按钮，进入"切削参数"对话框，设置"策略"选项卡和"余量"选项卡，如图 7 – 62 和图 7 – 63 所示。设置好后，单击"确定"按钮。

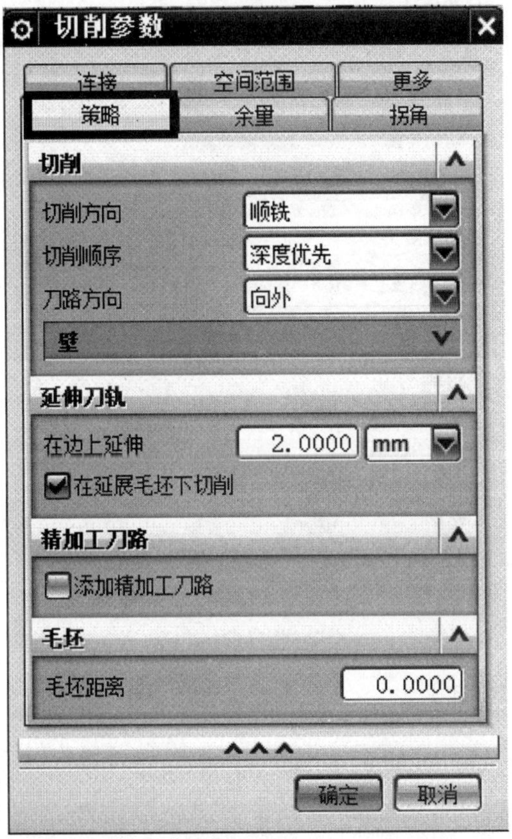

图 7 – 62　切削参数"策略"选项卡设置

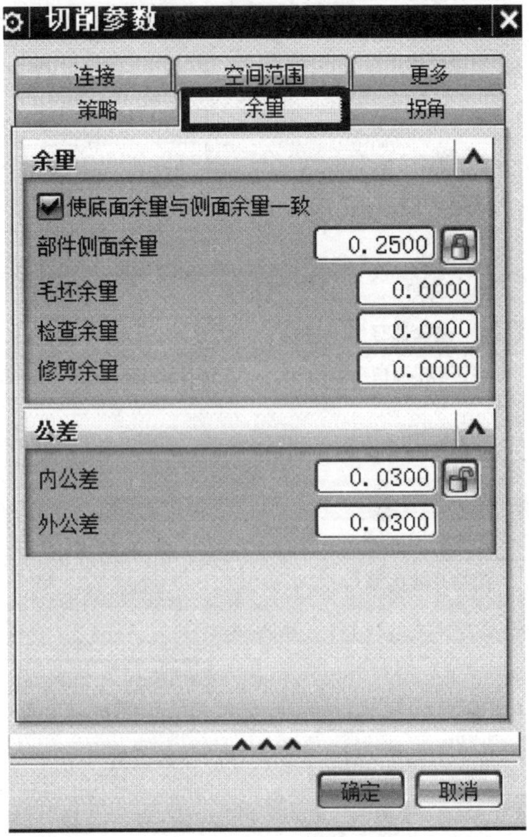

图 7 – 63　切削参数"余量"选项卡设置

单击按钮，进入"非切削移动"对话框，设置"进刀"选项卡，如图 7 – 64 所示，完成后单击"确定"按钮。

单击按钮，进入"进给率和速度"对话框，按照图 7 – 65 所示进行设置。

⑩生成刀具轨迹。单击"剩余铣"对话框底部的"生成"按钮，生成剩余铣半精加工刀具轨迹，如图 7 – 66 所示。

⑪单击"确定"按钮，进行仿真加工，进入"刀轨可视化"对话框，选择"2D 动态"选项卡，单击进行仿真加工，如图 7 – 67 所示。最终结果如图 7 – 68 所示。

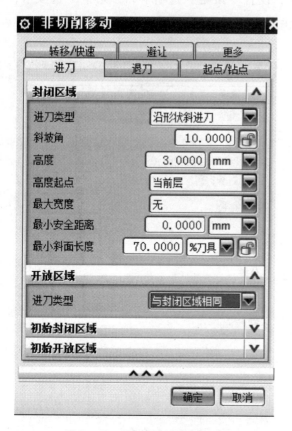

图 7 - 64 非切削移动参数设置

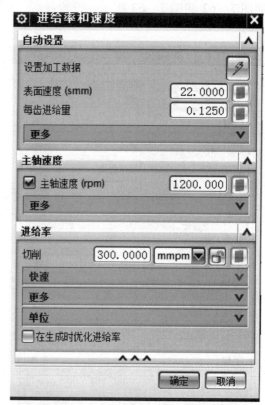

图 7 - 65 "进给率和速度"对话框

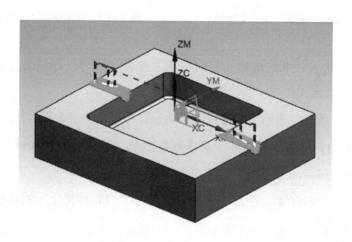

图 7 - 66 半精加工刀具轨迹

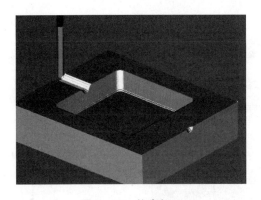

图 7 - 67　仿真加工

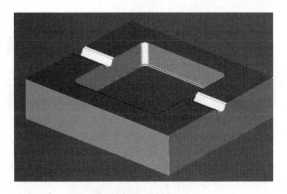

图 7 - 68　最终结果

四、深度铣削

深度铣削包括深度轮廓加工和深度拐角加工。主要用于零件的半精加工和精加工。深度铣削常用于精加工陡峭区域，它有一个关键特征，就是可以指定陡峭角度，通过陡峭角度把整个零件分成陡峭区域和非陡峭区域。使用深度铣操作可以先加工陡峭区域，而非陡峭区域可以使用后续章节中的固定轴曲面轮廓铣进行加工。

深度铣是为半精加工和精加工而设计的，因此使用深度铣代替型腔铣会有一些优势：

①深度铣不需要毛坯几何体。

②深度铣具有陡峭空间范围。

③当首先进行深度铣切削时，深度铣按形状进行排序，而型腔铣按区域进行排序。

④在封闭形状上，深度铣可以通过直接斜削到部件上，并在层之间移动，从而创建螺旋线形刀轨。

⑤在开放形状上，深度铣可以交替方向进行切削，从而沿着壁向下创建往复运动。

许多在深度铣操作中定义的参数与型腔铣操作中需要的那些参数相同。下面将对和型腔铣不同的地方及没有讲解的选项进行讲解。

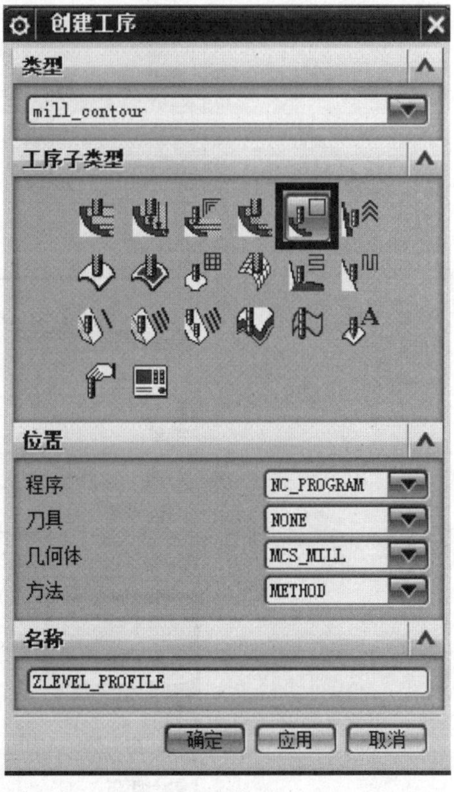

在"创建工序"对话框中，选择 ZLEVEL_PROFILE（深度轮廓加工）子类型，如图 7 - 69 所示，单击"确定"按钮，弹出"深度轮廓加工"对话框，如图 7 - 70 所示。

图 7 - 69　"创建工序"对话框

在"刀轨设置"选项区中，除"陡峭空间范围"和"合并距离"选项外，其余选项和型腔铣中的相同，如图 7 - 71 所示。

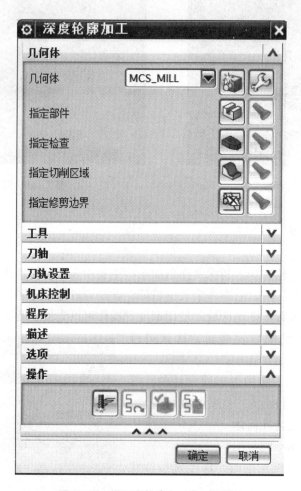

图 7-70 "深度轮廓加工"对话框

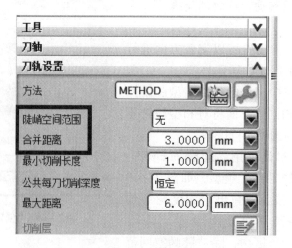

图 7-71 刀轨设置

①"陡峭空间范围"包括两个选项："无"和"仅陡峭的"。当选择"无"时，程序将对整个部件执行轮廓铣；选择"仅陡峭的"时，只有陡峭度大于指定陡峭角的区域才执行轮廓铣。

②"合并距离"是将小于指定分隔距离的切削移动的结束点连接起来，以消除不必要的刀具退刀。

③切削参数。

在深度铣的"切削参数"对话框中，"连接"选项卡中的选项设置与其他铣削类型有所不同，如图7-72所示。

图 7-72 "切削参数"对话框

"层到层"是一个专用于深度铣的切削参数，它可以切削所有的层而无须抬刀至安全平面。

使用转移方法："使用转移方法"将使用在"进刀/退刀"对话框中指定的任何信息。如图7-73所示。刀在完成每个刀路后，都抬刀至安全平面。

直接对部件进刀："直接对部件进刀"将跟随部件，与步距运动相似。如图7-74所示。

沿部件斜进刀："沿部件斜进刀"跟随部件，从一个切削层到下一个切削层，斜削角度为"进刀和退刀"参数中指定的倾斜角度。这种切削具有更恒定的切削深度和残余高度，并且能在部件顶部和底部生成完整刀路。如图7-75所示。

沿部件交叉斜进刀："沿部件交叉斜进刀"与"沿部件斜进刀"相似，不同的是，在斜削进下一层之前完成每个刀路。如图7-76所示。

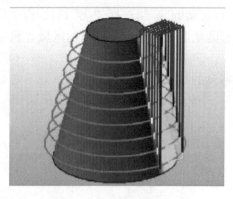

图 7 - 73　使用转移方法

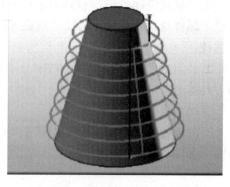

图 7 - 74　直接对部件进刀

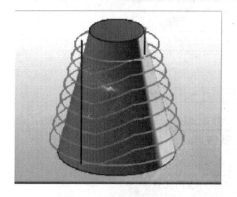

图 7 - 75　沿部件斜进刀

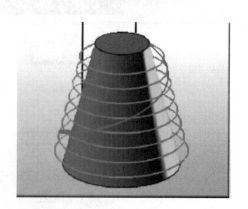

图 7 - 76　沿部件交叉斜进刀

任务三　固定轴曲面轮廓铣加工

🔶 任务目标 >>

曲面轮廓铣是用于精加工由轮廓曲面形成区域的加工方法，并且允许通过精确控制和投影矢量，以使刀具沿着复杂的曲面轮廓运动。

一、固定轴曲面轮廓铣概述

固定轴曲面轮廓铣是一种刀具沿着曲面外形运动的加工方式。加工时，机床的 X 轴、Y 轴、Z 轴联动。曲面加工主要针对型腔面、复杂零件的半精加工和精加工。曲面轮廓铣的刀具主要是球刀。

1. 固定轴曲面轮廓铣术语

零件几何体：用于加工的几何体。

驱动几何体：用于产生驱动点的几何体。

切削区域：需要加工的面区域。应用区域铣削驱动方法和清根驱动方法，并且可以通过选择"曲面区域""片体"或"面"进行定义。

驱动点：从驱动几何体上产生的，将投影到零件几何体上的点。

驱动方法：驱动点的产生方法。某些驱动方法在曲线上产生一系列驱动点，有的是在一定面积内产生阵列的驱动点。

投影矢量：用于指引驱动点怎样投射到零件表面。

2. 固定轴曲面轮廓铣的铣削原理

①由驱动几何体产生驱动点，并且按投影方向投影到部件几何体上，得到投影点。刀具在该点处与部件几何体接触，称为"接触点"。

②程序根据接触点位置的部件表面曲率半径、刀具半径等因素计算得到刀具定位点。

③当刀具在部件几何体表面从一个接触点到下一个接触点时，如此重复，形成刀轨。

3. 固定轴曲面轮廓铣的工序子类型

固定轴曲面轮廓铣是用于半精加工和精加工曲面轮廓的方法，也可以进行多层切削。刀轴与指定的方向始终保持平行，即刀轴固定。固定轴曲面轮廓铣将空间驱动几何体投影到零件表面，驱动刀具以固定轴的方式加工曲面轮廓。

固定轴曲面轮廓铣的工序子类型如图 7–77 和表 7–3 所示。

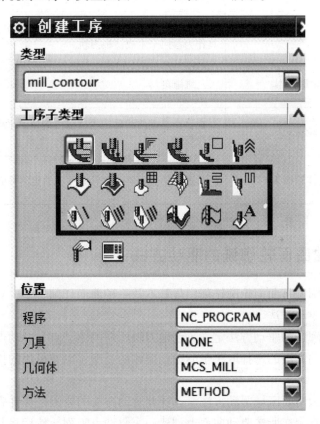

图 7–77　固定轴曲面轮廓铣的工序子类型

表 7 – 3　固定轴曲面轮廓铣的工序子类型

图标	名称	备注
	固定轴轮廓铣	适用于以各种驱动方法、空间范围和切削模式对部件或切削区域进行轮廓铣。刀轴是 $+ZM$ 轴
	轮廓区域铣	区域铣削驱动，适用于以各种切削模式切削选定的面或区域
	轮廓面积铣	曲面区域驱动，采用单一驱动曲面的 $U-V$ 方向，或者是曲面直角坐标栅格
	流线	通过跟随自动和用户定义流，以及交叉曲线切削曲面
	轮廓区域非陡峭铣	只切削非陡峭区域
	轮廓区域陡峭铣	只切削陡峭区域
	单路径清根	用于对零件根部前刀具未能加工的部分进行加工，单路径
	多路径清根	用于对零件根部前刀具未能加工的部分进行加工，多路径
	参考刀具清根	用于对零件根部前刀具未能加工的部分进行加工，以参考刀具作为参照来生成清根刀轨
	轮廓文本	三维雕刻
	轮廓 3D	根据边界或曲线确定轮廓深度的定制平面铣 3D 轮廓，常用于修边模
	实体轮廓 3D	从选定的竖直壁确定轮廓深度的定制平面铣 3D 轮廓

二、固定轴曲面轮廓铣的驱动方法

固定轴曲面轮廓铣是曲面轮廓铣削中最基本的一种曲面切削类型，其余铣削方式则是固定轴轮廓铣常见的驱动方法。

固定轴曲面轮廓铣的驱动方法定义了创建刀轨所需的驱动点，驱动点一经定义，就可以用于创建刀轨。驱动方法的选择取决于驱动几何体的类型，以及可用的投影矢量、刀轴和切削类型等。

图 7 – 78 所示为曲面区域驱动方法。选择此驱动方法的原因是部件表面的复杂性和刀轴所需的控制，程序将会在所选驱动曲面上创建一个驱动点阵列，然后将此阵列沿指定的投影

矢量投影到部件表面。刀具定位到部件表面的接触点上，刀轨是使用刀尖处的输出刀位置点创建的，投影矢量和刀轴都是变量，都被定义为垂直于驱动曲面。

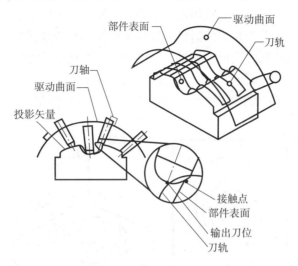

图 7 - 78　曲面区域的驱动方法

固定轴轮廓铣常见的驱动方法有曲线/点、螺旋式、边界、区域铣削、曲面、刀轨、径向切削、流线、清根和文本。

在多种驱动方法中，区域铣削驱动、清根驱动和文本驱动仅适用于 2.5 轴或 3 轴的数控机床加工，其余的驱动方法则可以在任何铣床上加工。

1. 曲线/点

曲线/点驱动方法通过指定点和选择曲线或面边缘来定义驱动几何体，将驱动几何体投影到部件几何体上，然后在此生成刀轨。开放或封闭、连续或非连续、平面或非平面的曲线都可以使用。此驱动方法一般用于筋槽的加工和字体的雕刻。

当指定点时，驱动轨迹创建为指定点之间的线段；当指定曲线或边时，沿选定曲线和边生成驱动点。

（1）使用点驱动几何体

当由点定义驱动几何体时，刀具沿着刀轨选择的顺序从一个点运动至下一个点。可以多次使用同一个点（只要不在序列中连续选择它）；也可以选择同一个点作为序列中的第一个点和最后一个点，形成封闭路径。

如果用户只指定一个驱动点，或者指定几个驱动点，但在部件几何体上只定义一个位置，则不会生成刀轨，并且会显示出错消息。

（2）使用曲线/边驱动几何体

当选择曲线或边定义驱动几何体时，刀具沿着刀轨并按用户选择的顺序从一条曲线或边运动至下一条，所选的曲线可以是连续的，也可以是非连续的。

对于开放曲线或边，选定的端点决定起点；对于封闭曲线或边，起点和切削方向由所选择的线段的顺序决定，原点和切削方向由选择的顺序决定。用户还可以使用负余量值，使该驱动方法允许刀具只在低于选定部件表面处切削。

2. 螺旋式

螺旋式驱动方法允许用户定义从指定的中心点向外螺旋的驱动点。驱动点在垂直于投影矢量并包含中心点的平面上创建，然后沿着投影矢量投影到所选择的部件表面。

中心点是刀具开始切削的位置。如果不指定中心点，则程序将使用绝对坐标系的原点坐标。如果中心点不在部件表面上，它将沿着已定义的投影矢量移动到部件表面上，如图7-79所示。螺旋的方向（顺时针或逆时针）由顺铣或逆铣方向控制。

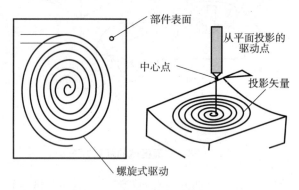

图 7-79 螺旋式驱动方法

螺旋式驱动方法无须指定任何几何体，一般用于加工圆形工件。

3. 边界

边界驱动方法通过指定边界和环定义切削区域。当环必须与外部部件表面边缘对应时，边界与部件表面的形状及大小无关。切削区域由边界、环或二者的组合定义，将已定义的切削区域的驱动点按照指定的投影矢量的方向投影到部件表面，就可以创建刀轨了，如图7-80所示。

边界可以超出部件表面，也可以在部件表面内限制一个更小的区域，还可以与部件表面的边重合，如图7-81所示。当边界超出部件表面时，如果超出的距离大于刀具直径，则会发生边缘追踪。

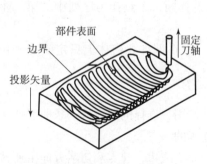

图 7-80 边界驱动方法

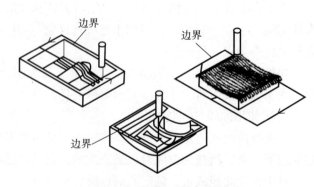

图 7-81 边界驱动方法的范围

4. 区域铣削

区域铣削驱动方法仅能够定义"固定轴曲面轮廓铣"操作，在指定切削区域时，可在需要的情况下添加"陡峭空间范围"和"修剪边界"约束。区域铣削驱动方法不需要驱动几何体，并且使用一种稳固的自动免碰撞空间范围计算，如图 7 - 82 所示。

5. 曲面

曲面驱动方法可以创建一个位于驱动曲面栅格内的驱动点阵列，将驱动曲面上的点按指定的投影矢量的方向投影，即可在选定的部件表面创建刀轨。如果未定义部件表面，则可以直接在驱动曲面上创建刀轨。驱动曲面不必是平面，但是其栅格必须按一定的栅格行序或列序进行排列，如图 7 - 83 所示。

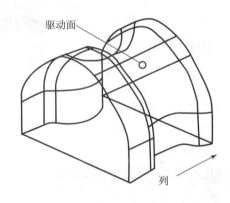

图 7 - 82　区域铣削驱动方法

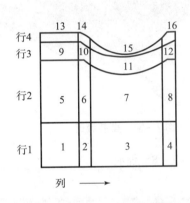

图 7 - 83　曲面驱动方法

曲面驱动方法主要用于多轴加工。

6. 刀轨

刀轨驱动方法沿着刀位置源文件 CLSF 的刀轨来定义驱动点，以在当前操作中创建一个类似的曲面轮廓铣刀轨。驱动点沿着现有的刀轨生成，然后投影到所选的部件表面上，以创建新的刀轨。新的刀轨是沿着曲面轮廓形成的，驱动点投影到部件表面上时所遵循的方向由投影矢量确定。

7. 径向切削

径向切削驱动方法使用指定的步距、带宽和切削类型，生成垂直于给定边界的驱动轨迹。此驱动方法可用于创建清理操作。

8. 流线

流线驱动方法根据选中的几何体来构建隐式驱动曲面。此驱动方法可以灵活地创建刀轨，规则面栅格无须进行整齐的排列。

9. 清根

清根驱动方法沿部件表面形成的凹角和凹部一次生成一层刀轨。清根驱动方法用于：
①高速加工。
②在往复切削模式加工之前移除拐角剩余的材料。
③移除之前较大的球刀遗留下来的未切削的材料。

10. 文本

文本驱动方法可直接在轮廓表面雕刻制图文本，如零件号和模具型腔 ID 号。

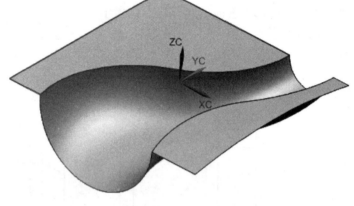

图 7-84　型芯流道

三、实例

下面以一个例子来说明固定轴轮廓铣的具体使用，如图 7-84 所示。
①进入加工模块。
②选择几何视图，设置坐标系和安全平面，如图 7-85 所示。

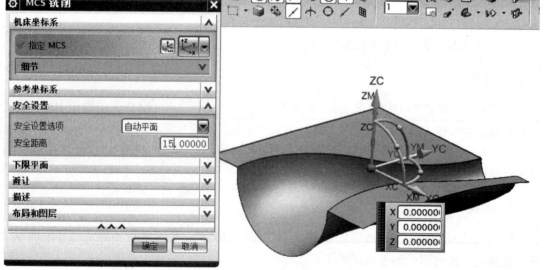

图 7-85　设置坐标系和安全平面

③创建部件几何体。选择好4个面,单击"确定"按钮,如图7-86所示。

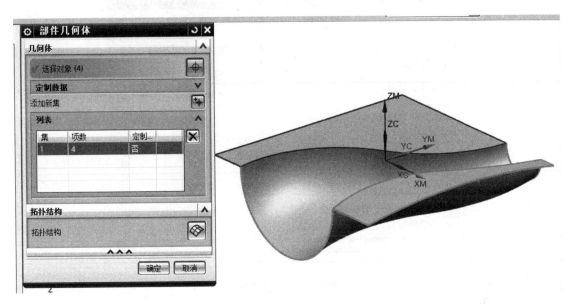

图7-86 创建部件几何体

④创建毛坯几何体。选择包容块进行设置,单击"确定"按钮,如图7-87所示。

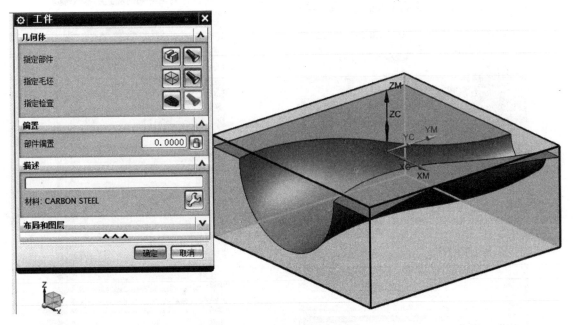

图7-87 创建毛坯几何体

⑤创建刀具。单击"机床视图"按钮,切换到机床刀具视图,单击"创建刀具"按钮,弹出"创建刀具"对话框,按图7-88(a)所示进行设置。单击"确定"按钮,弹出图7-88(b)所示对话框,进行下一步设置。

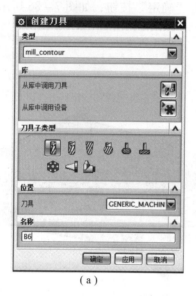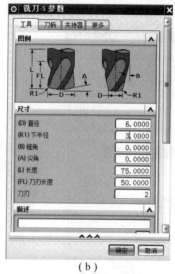

(a)　　　　　　　　(b)

图7-88　刀具设置

　　⑥创建固定轴曲面轮廓铣。单击"创建工序"按钮，按照图7-89所示进行设置。单击"确定"按钮，进入"固定轮廓铣"对话框，进行下一步设置，如图7-90所示。

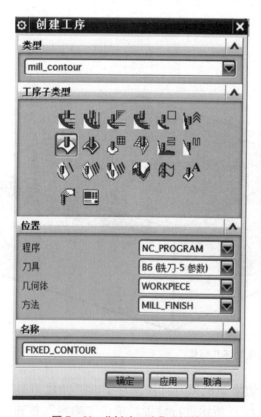

图7-89　"创建工序"对话框　　　　图7-90　"固定轮廓铣"对话框

⑦单击"几何体"选项区中的"指定切削区域"按钮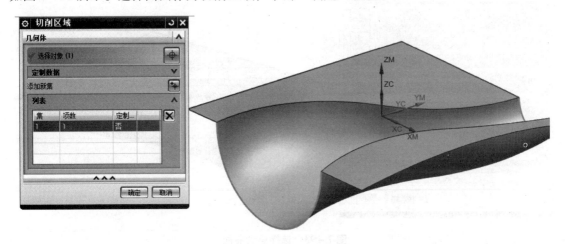，弹出"切削区域"对话框，如图7－91所示。选择曲面作为切削区域，单击"确定"按钮。

图7－91　选择切削区域

⑧在"驱动方法"选项区中的"方法"下拉列表中选择"曲面"选项，弹出"曲面区域驱动方法"对话框，如图7－92所示。

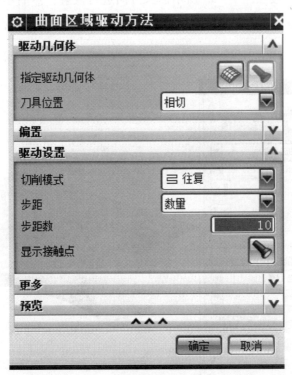

图7－92　"曲面区域驱动方法"对话框

⑨在"驱动几何体"选项区中选择"指定驱动几何体"按钮，弹出"驱动几何体"对话框，选择曲面。单击"确定"按钮，如图7－93所示。

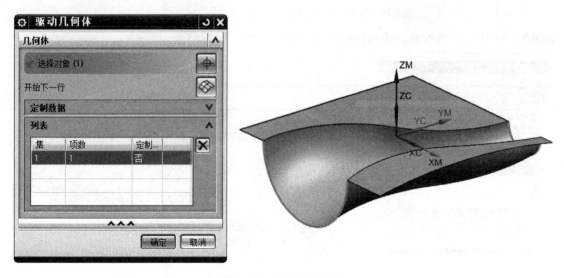

图 7 - 93　选择驱动曲面

⑩在图 7 - 94 所示的"驱动几何体"选项区中单击"切削方向"按钮 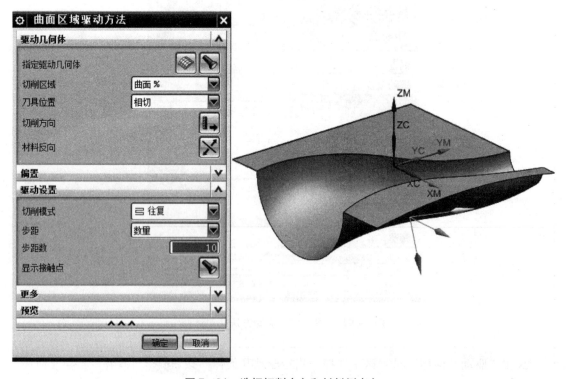，弹出"切削方向确认"对话框，按照图 7 - 95 所示箭头方向进行设置，然后单击"确定"按钮，返回图 7 - 94。在"驱动几何体"选项区中单击"材料反向"按钮 ，按图 7 - 96 所示进行设置。

图 7 - 94　选择切削方向和材料侧方向

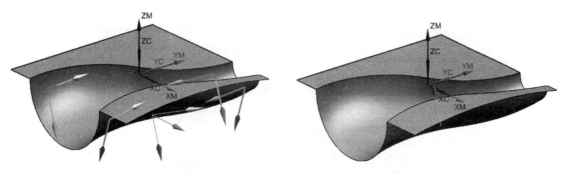

图 7 - 95　切削方向　　　　　　　图 7 - 96　材料侧方向

⑪在"驱动设置"选项区和"更多"选项区中按图 7 - 97 所示进行设置。

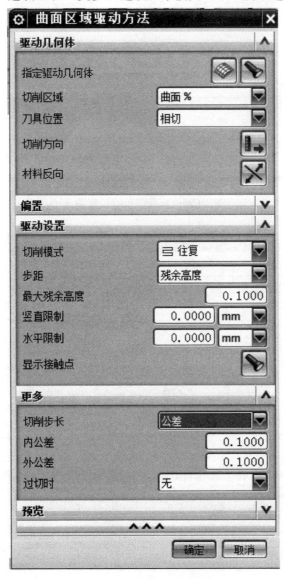

图 7 - 97　驱动参数设置

⑫单击"确定"按钮，完成驱动方法的设置，返回"固定轮廓铣"对话框。单击"刀轨设置"选项区中的"切削参数"按钮来设置切削参数。设置"策略"选项卡、"更多"选项卡，如图7-98和图7-99所示。设置完成后，单击"确定"按钮。

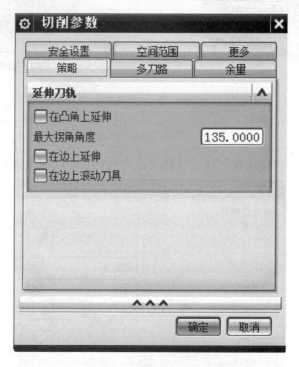

图7-98 设置"策略"选项卡

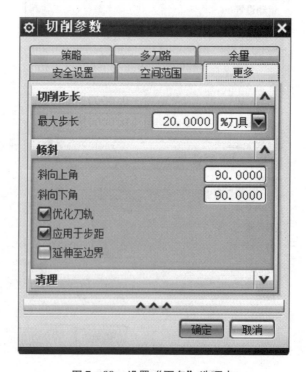

图7-99 设置"更多"选项卡

⑬单击"刀轨设置"选项区中的"非切削移动"按钮来设置非切削参数。设置"进刀"选项卡、"退刀"选项卡、"转移/快速"选项卡，如图 7 – 100 ~ 图 7 – 102 所示。图 7 – 103 和图 7 – 104 为区域之间和区域内的参数。

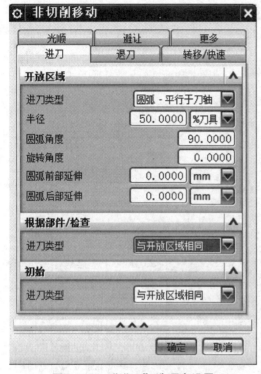

图 7 – 100　"进刀"选项卡设置

图 7 – 101　"退刀"选项卡设置

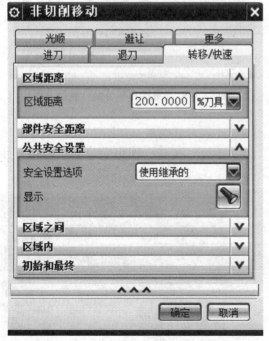

图 7 – 102　"转移/快速"选项卡设置

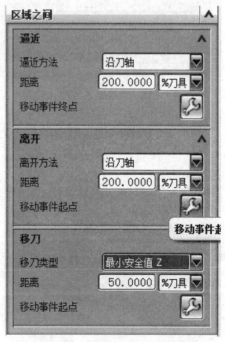

图 7 – 103　"区域之间"参数设置

⑭单击"非切削移动"对话框中的"确定"按钮，完成非切削参数设置。单击"刀轨设置"选项区中的"进给率和速度"按钮，弹出图 7 - 105 所示的对话框，按图中的数据进行设置即可，单击"确定"按钮。

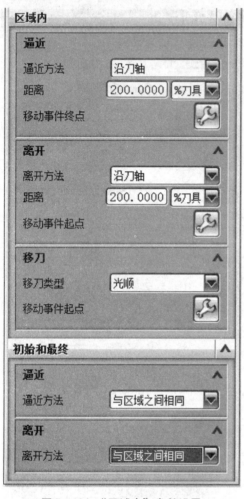

图 7 - 104　"区域内"参数设置

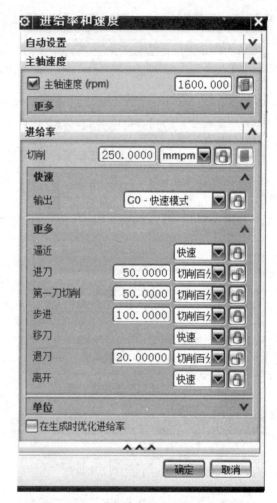

图 7 - 105　"进给率和速度"参数设置

⑮单击"操作"选项区中的"生成"按钮，即可完成刀具轨迹，如图 7 - 106 所示。单击"确定"按钮，选择"2D 动态"选项卡，单击"播放"按钮，即可完成动态模拟，如图 7 - 107 所示。

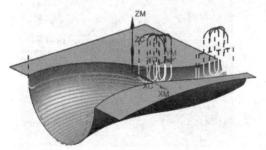

图 7 - 106　刀具轨迹生成

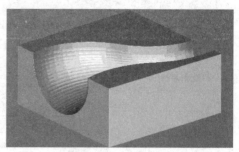

图 7 - 107　模拟加工

任务四 可变轴曲面轮廓铣加工

🎯 任务目标 >>

可变轴曲面轮廓铣工序沿工件轮廓去除材料，从而对曲面区域进行精加工。

本任务的重点内容：

1. 可变轴曲面轮廓铣的分类。
2. 可变轴曲面轮廓铣的驱动方法。
3. 刀轴的定义。
4. 顺序铣的进刀和退刀。

一、可变轴曲面轮廓铣概述

现代制造业所面对的经常是具有复杂型腔的高精度模具制造和复杂型面产品的外形加工，可变轴曲面轮廓铣就适合这一类零件的精加工。

1. 可变轴曲面轮廓铣的分类

可变轴曲面轮廓铣（mill_multi-axis），是指刀轴沿刀具轨迹移动时可不断改变方向的铣削加工，如图 7-108 所示。

图 7-108 可变轴曲面轮廓铣的加工类型

可变轴曲面轮廓铣各工序子类型的图标及说明见表7-4。

表7-4 可变轴曲面轮廓铣工序子类型

图标	名称	说明
	可变轮廓铣	适用于以各种驱动方法、空间范围和切削模式对工件或切削区域进行轮廓铣。刀轴控制有多种选择
	可变流线铣	根据自动和/或用户定义流和交叉曲线来切削面
	外形轮廓铣	用于对轮廓带有外角的面进行铣削
	固定轮廓铣	适用于以各种驱动方法、空间范围和切削模式对工件或切削区域进行轮廓铣
	深度加工5轴铣	适用于加工各种陡峭的斜面、曲面
	顺序铣	连续加工一系列边缘相连的曲面

2. 可变轴曲面轮廓铣的驱动方法

UG 中可变轴曲面轮廓铣主要通过控制刀具的轴矢量、投影方向和驱动方法来生成加工轨迹，就是通过控制刀具的轴矢量在空间的不断变化，让刀具轴的矢量和机床坐标系构成一定的角度，利用铣刀的底部和侧面完成切削加工。

刀轴是一个矢量，它的方向是刀尖指向刀柄的直线方向，可以固定，也可以变化。

二、可变轮廓铣

可变轮廓铣是指在加工过程中刀轴的矢量方向是可变的，可随着加工表面的法线方向不同而相应地改变，从而改善加工中刀具的受力情况，使固定轴加工时的陡峭曲面变为非陡峭曲面，从而可以一次性加工。

1. 驱动方法

用于定义创建刀具轨迹的驱动点。可变轮廓铣的驱动方法与固定轴轮廓铣的驱动方法大致相同，只是没有了区域切削、文本、清根，而增加了外形轮廓铣，如图7-109所示。

2. 投影矢量

投影矢量用于指定驱动点投影到零件几何上，以及零件与刀具接触的一侧。驱动点沿投影矢量方向投影到零件表面，生成投影点。图7-110所示表明投影矢量的选项。

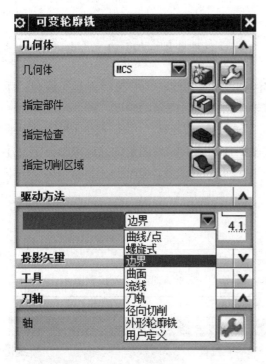

图 7 - 109 可变轮廓铣驱动方法

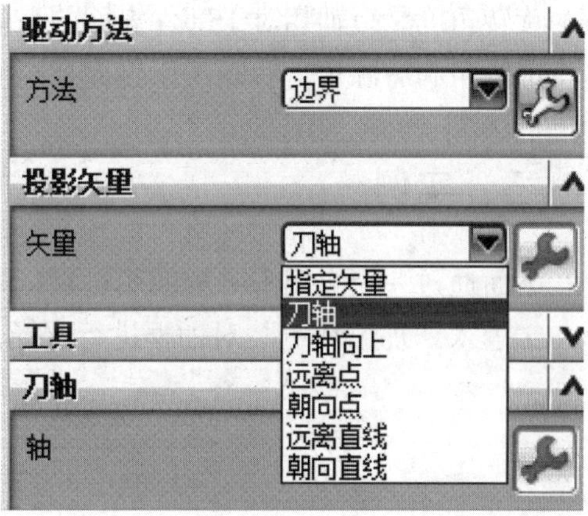

图 7 - 110 投影矢量的选项

3. 刀轴

可变轮廓铣的刀轴选项如图 7 - 111 所示。

各选项的定义如下。

①远离点：定义偏离焦点的可变刀轴。所谓的焦点，是所有投影点刀轴方向的交点。

②朝向点：定义向焦点收敛的可变刀轴。刀轴矢量指向焦点并指向刀具夹持器。

③远离直线：定义偏离聚焦线的可变刀轴。刀轴沿聚焦线移动，并保持与聚焦线垂直。刀轴矢量从定义的聚焦线指向刀具夹持器。

④朝向直线：定义向聚焦线收敛的可变刀轴。刀轴矢量指向定义的焦点并指向刀具夹持器。

⑤相对于矢量：定义相对于带有指定的前倾角和侧倾角矢量的可变刀轴。前倾角

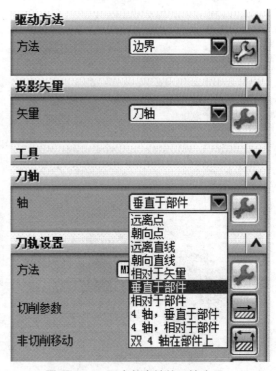

图 7 - 111 可变轮廓铣的刀轴选项

定义刀具沿刀具轨迹前倾或后倾的角度，侧倾角定义刀具从一侧到另一侧的角度。

⑥垂直于部件：定义在每个接触点都垂直于部件表面的可变刀轴。这是使用最多的一种

方式。

⑦相对于部件：定义相对于部件表面的另一垂直刀轴向前、后、左、右倾斜的可变刀轴。

⑧4 轴，垂直于部件：4 轴方向使刀具绕所定义的旋转轴旋转，并保持刀具与旋转轴垂直。旋转角度是刀轴相对于部件表面的另一垂直轴向前或向后倾斜的角度。

⑨4 轴，相对于部件：4 轴方向使刀具绕所定义的旋转轴旋转，并保持刀具与旋转轴垂直。旋转角度是刀轴相对于部件表面的另一垂直轴向前或向后倾斜的角度。此外，还定义了一个前倾角和后倾角，后倾角设置为 0°。

三、实例

下面通过一个实例来讲解使用过程，如图 7－112 所示。

①进入"加工环境"对话框进行选择，单击"确定"按钮，如图 7－113 所示。

图 7－112　凸模　　　　　　　　　　　图 7－113　"加工环境"对话框

②设置坐标系、部件几何体、毛坯几何体，方法与前面的例子相同，如图 7－114 ~ 图 7－116 所示。

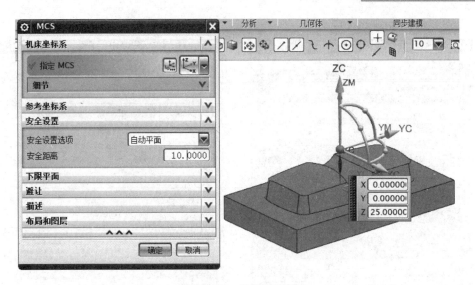

图 7 – 114　坐标系设置

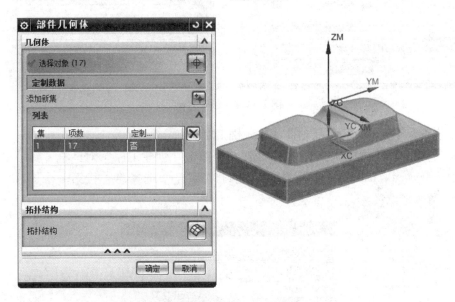

图 7 – 115　部件几何体设置

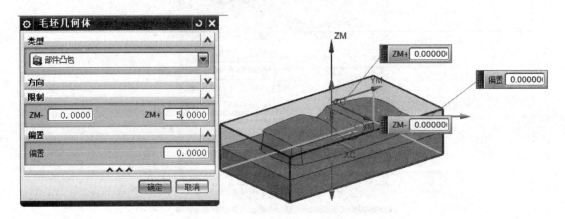

图 7 – 116　毛坯几何体设置

③设定刀具，如图7-117所示。

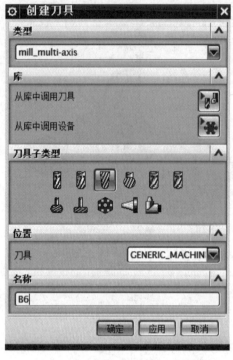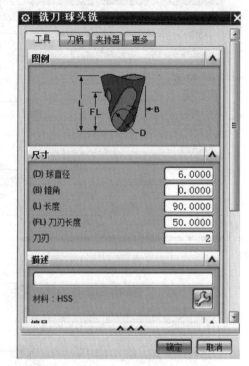

图7-117　设定刀具

④创建垂直于驱动体的可变轴曲面轮廓铣工序。

切换到程序视图，单击"创建工序"按钮，弹出"创建工序"对话框，在"类型"下拉列表中选择"mill_multi-axis"，在"工序子类型"中选择第一行第一个图标，其他按图7-118所示来设置。

图7-118　"创建工序"对话框

⑤可变轮廓铣设置。

单击图 7 – 118 中的"确定"按钮，进入"可变轮廓铣"对话框，如图 7 – 119 所示。在"驱动方法"选项区中的"方法"下拉列表中选择"曲面"，系统弹出"曲面区域驱动方法"对话框，如图 7 – 120 所示。单击"指定驱动几何体"按钮 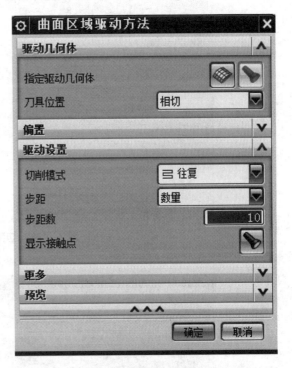，选择图 7 – 121 所示的曲面，单击"确定"按钮，返回"曲面区域驱动方法"对话框。

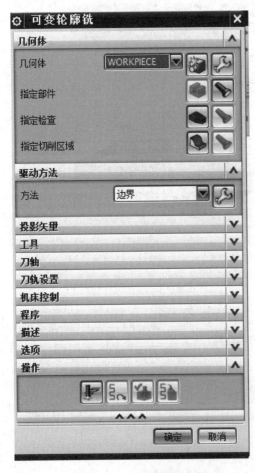

图 7 – 119　"可变轮廓铣"对话框

图 7 – 120　"曲面区域驱动方法"对话框

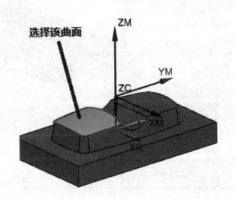

图 7 – 121　选择驱动曲面

⑥驱动几何体设置。

在"驱动几何体"选项区中单击"切削方向"按钮，根据图 7 - 122 所示进行选择。在"驱动几何体"选项区中单击"材料反向"按钮，根据图 7 - 123 所示进行选择。在"驱动设置"中选择"切削模式"为"跟随周边"，"步距"为"数量"，其他按照图 7 - 124 所示进行设置。

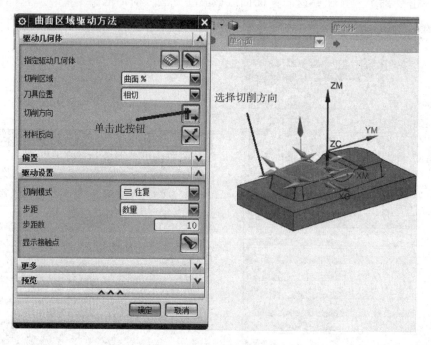

图 7 - 122　切削方向选择

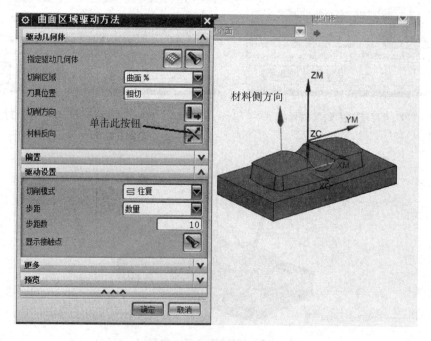

图 7 - 123　设置材料侧方向

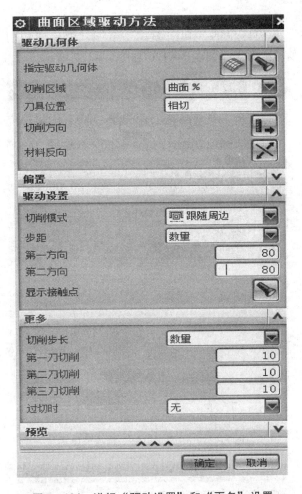

图 7-124 进行"驱动设置"和"更多"设置

⑦刀轴设置。

上述设置完后，单击"确定"按钮，返回"可变轮廓铣"对话框，在"投影矢量"选项区中选择"刀轴"，在"刀轴"选项区中选择"垂直于驱动体"，如图 7-125 所示。

图 7-125 "投影矢量"和"刀轴"设置

⑧切削参数设置。

单击"刀轨设置"选项区中的"切削参数"按钮，弹出"切削参数"对话框，设置"刀轴控制"和"更多"选项卡，如图7－126和图7－127所示。

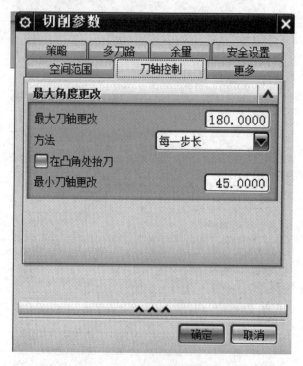

图7－126 "刀轴控制"选项卡设置

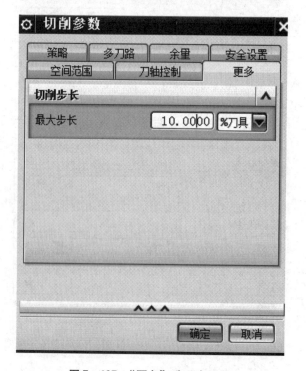

图7－127 "更多"选项卡设置

⑨非切削移动设置。

单击"刀轨设置"选项区中的"非切削移动"按钮，弹出"非切削移动"对话框，设置"进刀""退刀""转移/快速"选项卡，如图 7 – 128 ~ 图 7 – 130 所示。

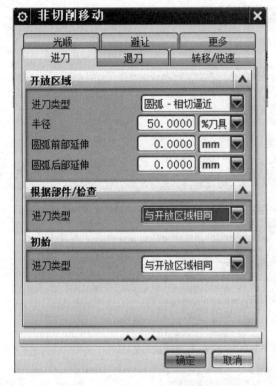

图 7 – 128　"进刀"选项卡设置　　　　　　图 7 – 129　"退刀"选项卡设置

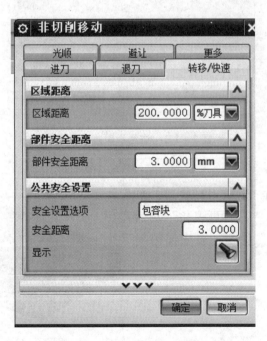

图 7 – 130　"转移/快速"选项卡设置

⑩进给率和速度设置。

单击"刀轨设置"选项区中的"进给率和速度"按钮，弹出"进给率和速度"对话框，按图7－131所示进行设置。

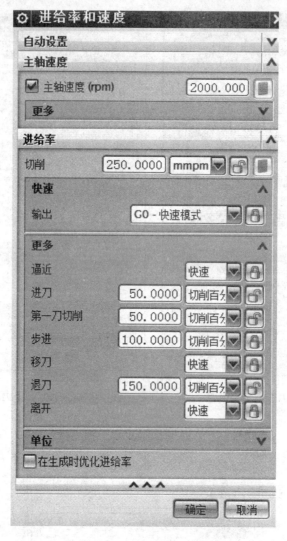

图7－131　进给率和速度设置

⑪生成。

单击"生成"按钮，生成刀具轨迹，单击"确定"按钮，弹出"刀具可视化"对话框，选择"2D动态"选项卡，完成模拟加工，如图7－132所示。

四、顺序铣

顺序铣是利用部件表面控制刀具底部、

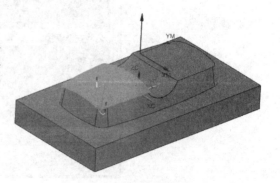

图7－132　刀具轨迹生成

驱动曲面控制刀具侧刃、检查曲面控制刀具停止位置的加工形式，如图 7 – 133 所示。刀具在切削过程中，侧刃沿着驱动曲面运动且保证底部与部件表面相切，直至刀具接触到检查曲面。该操作适合切削有角度的侧壁。

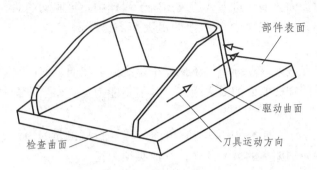

图 7 – 133　顺序铣

顺序铣操作由 4 种类型的子操作组成：点到点运动、进刀运动、连续轨迹运动和退刀运动。

一旦使用平面铣或型腔铣对曲面进行了粗加工，就可以使用顺序铣对曲面进行精加工。通过使用 3、4 或 5 个刀轴运动，顺序铣可以使刀具准确地沿曲面轮廓运动，如图 7 – 134 所示。

图 7 – 134　刀具运动方式

多轴数控加工中，特别是铣削加工，为减少接刀痕迹、保证轮廓表面质量，铣刀切入部件时，应避免沿零件外轮廓的法向切入，而应沿外轮廓曲线延长线的切向切入，以保证零件曲线平滑过渡。在切离工件时，也应避免在工件轮廓处直接退刀，而应沿零件轮廓延长线的切向逐渐切离工件。另外，为了提高铣削加工质量，精加工时应尽量采用顺序铣。

1. "顺序铣" 对话框

提供的选项可设置工序的加工公差、加工余量、最小安全距离、避让几何、刀具显示、默认进给率、默认拐角等。这些参数适用于每个子工序。下面对该对话框的选项设置做详细介绍。

（1）默认公差

默认公差是为顺序铣操作指定曲面内公差、曲面外公差和刀轴（度）。在以后的子操作中，可指定定制曲面公差（使用"连续刀轨参数"对话框中的选项）来替换默认公差值。

曲面内公差：曲面内公差在进刀或连续刀轨子操作中指定驱动曲面、部件表面和检查曲面的外公差。此公差是刀具所能穿透曲面的最大距离，其值不能为负。如果曲面外公差为零，则该值不能为零。

曲面外公差：可在进刀或连续刀轨子操作中指定驱动曲面、部件表面和检查曲面的内公差。此公差是刀具不能穿透曲面的最大距离，其值不能为负。如果曲面内公差为零，则该值不能为零。

刀轴（度）：可指定多轴运动中刀轴的角度公差（按度测量）。此公差是实际的刀轴在任何输出点可与正确刀轴偏离的最大角度，其值必须为正。

（2）全局余量

全局余量是操作指定驱动曲面、部件表面和检查曲面上剩余的材料量。全局余量可以指定正值、负值或零值。

（3）最小安全距离

当进刀和退刀子操作中的"安全移动"选项设置为"最小安全距离"时，最小安全距离值将用于这些子操作中。

（4）避让几何体

"避让几何体"选项允许创建一些空间位置，在这些位置中，刀具可以安全地清理部件。

"出发点"或"起点"仅用在刀轨的起点，"返回点"或"回零点"仅用在刀轨的末端。任何进刀或退刀子操作中，都可以使用安全平面。

单击此按钮，可弹出"避让控制"对话框。该对话框的选项含义及设置方法与钻削操作的"避让控制"对话框中的相同，这里不再重复叙述了。

（5）其余选项设置

在"顺序铣"对话框中，还包括其他一些选项，介绍如下。

默认进给率：通过打开"进给率和速度"对话框来指定进给率和主轴转速。

默认拐角控制：通过打开"拐角和进给率控制"对话框来指定圆弧进给率和拐角减速。

全局替换几何体：在整个操作中，用其他面、曲线和临时平面来替换面、曲线和临时平面。

结束操作：单击此按钮，弹出"结束操作"对话框。单击该对话框中的"生成刀轨"按钮，可生成操作的完整刀轨。

2. 进刀运动

在"顺序铣"对话框中设置了操作参数后，单击"确定"按钮，弹出"进刀运动"对话框。进刀运动是子操作序列中的第一个运动，需要定义进刀位置和进刀方法。进刀位置定义刀具在何处初次接触部件，进刀方法定义刀具该如何到达进刀位置。

下面对"进刀运动"对话框中的选项设置进行介绍。

（1）刀片/修改

"刀片/修改"下拉列表中包括"刀片"和"修改"选项。"刀片"选项用于添加或更改子操作。仅当定义了进刀子操作之后，此按钮才可选，并且"修改"选项被激活，允许更改现有的子操作序列。

（2）子操作类型

子操作类型下拉列表中包括4个子操作：进刀、连续刀轨、退刀和点到点。选择其中一个子操作，将显示相应的设置对话框，这4个对话框允许创建顺序铣所需的所有刀具运动。

进刀：是从避让几何体到部件上初始切削位置的移动。

连续刀轨：创建从一个驱动曲面到下一个驱动曲面的切削运动序列。大多数顺序铣子操作都是使用此选项创建的。

退刀：创建从部件返回到避让几何体或定义的退刀点的非切削移动。

点到点：用于将刀具快速移动到另一区域，以便连续刀轨运动在此区域继续进行。

（3）子操作列表

此列表可显示当前的操作名称和所有子操作。子操作包括进刀、连续刀轨、点到点或退刀运动。用户还可以通过双击此窗口上显示的子操作名称来编辑该子操作。子操作列表中的3个选项按钮含义如下。

重播：当修改子操作时，单击"重播"按钮可显示"信息"窗口中当前高亮显示的所有子操作的刀轨。

列表：单击此按钮，可弹出子操作列表，列表中列出了创建的顺序铣刀轨。

删除：单击"删除"按钮，将从子操作列表中移除选定的子操作或子操作范围。

（4）进刀方法

进刀方法是指刀具向初始切削位置移动的方法。单击"进刀方法"按钮，弹出"进刀方法"对话框。

该对话框中各选项含义如下。

方法：定义刀具如何从进刀点（由所选的进刀方法确定）移动到最初的切削位置。其下拉列表中包含多种进刀方法。"无"表示没有进刀移动，刀具将从定义的避让几何体或进刀点直线移动到最初的切削位置；"仅矢量"表示沿指定的单位矢量从指定的平面到最初的切削位置来测量进刀移动；"角度，角度，平面"可根据两个角度和一个平面来指定移动，两个角度决定进刀矢量方向，平面确定进刀平面至初始切削位置的距离，该距离为进刀矢量长度；"角度，角度，距离"可根据两个角度和一个距离来指定移动，角度确定进刀运动的方向，距离值确定长度；"刀轴"指定沿刀轴进行进刀移动；"从一点"可指定一个点，进刀移动将从该点开始。

角度1：指向第一刀方向的矢量尾部将按角度1（如果为正）在启动位置处与部件几何体相切的平面内，从驱动几何体开始旋转。

角度2：得到的矢量尾部将按角度2（如果为正）在垂直于切面的平面内，从部件几何体开始旋转。

距离：进刀运动的长度。

安全移动：创建额外的刀具移动来逼近起点或进刀点。移动的方向可以垂直于安全平面，也可以沿刀轴。"安全移动"包括"无""安全平面"和"最小安全距离"3个选项。"无"表示没有安全移动；"安全平面"将使刀具沿垂直于安全平面的矢量从安全平面移动到起点或进刀点；"最小安全距离"将使刀具沿刀轴移动到起点或进刀点，此距离由在"顺序铣"对话框中指定的"最小安全距离"值来定义。

（5）定制进刀速率

勾选此复选框，可以输入特定的进给率给当前子操作。

（6）参考点

参考点位置可定义驱动曲面、部件表面和检查曲面的近侧。刀具进刀时，需要区分每个曲面的近侧和远侧。当使用"几何体"选项来使刀具进刀时，必须指定一个与三个曲面都相关的停止位置。可将此停止位置定义为所选曲面的近侧、远侧或与近侧相切。

"参考点"的选项含义如下。

位置：刀具进刀时需要的参考点位置。用户可以选择多个点选项来定义参考点位置。

未定义：表示未指定参考点。

点：通过点构造器来定义参考点。

出发点：以先前在避让几何体中定义的"出发点"为当前的参考点。

起点：以先前在避让几何体中定义的"起点"为当前的参考点。

进刀点：以先前在"进刀方法"对话框（使用"方法"下拉列表中的"从一点"）中定义的"进刀点"为当前的参考点。

从上一刀具末端：以上一次执行的子操作中所到达的最后刀具位置为当前的参考点。

刀轴：用于指定进刀刀轴矢量。

由于顺序铣操作使用参考点和刀轴来确定刀具向材料进刀的点，因此，如果参考点选择不当，则处理器可能无法计算所需的点。如果出现这种情况，用户必须在驱动曲面、部件表面和检查曲面的同一侧在更接近所需启动的位置重新指定"参考点"。有些情况下，对于进刀子操作中的一个或多个曲面，用户可能还需要使用"进刀几何体"对话框中的"直接移动"或"侧面指示符"选项。

（7）几何体

单击"几何体"按钮，弹出"进刀几何体"对话框。进刀运动设置前，需要先通过选择曲线或曲面来定义进刀几何体。

该对话框中各选项含义如下。

驱动/部件/检查：这3个单选按钮可在驱动曲面、部件表面和检查曲面之间切换。

准线：是一个矢量，通过使用曲线来生成内部的表格化圆柱，将刀具定位到曲线上时，需要表格化圆柱。表格化圆柱通常平行于刀轴。

停止位置：是指当前子操作相对于驱动曲面、部件表面或检查曲面的最终刀具位置。

其下拉列表中包括"近侧""远侧""在曲面上""驱动曲面–检查曲面相切"和"部件表面–检查曲面相切"等选项。在选择驱动曲面、部件表面或检查曲面之前，必须指定停止位置。

• 在曲面上：可定位刀具，以便刀具末端在指定几何体上直接停止。此选项不受参考点位置的影响。如果曲面的停止位置为"在曲面上"，则该曲面上不会留下余量（全局余量、环余量或单独的表面余量）。

• 驱动曲面–检查曲面相切：将刀具定位在驱动曲面与检查曲面的相切处。如果该相切条件存在，则必须选择此选项；如果该相切条件不存在，则切勿选择此选项。

● 部件表面 – 检查曲面相切：将刀具定位在部件表面与检查曲面的相切处。

余量：在进刀移动末端的驱动曲面、部件表面和检查曲面上留下的余量。

添加的余量：指定是否将为驱动曲面和部件表面指定的全局余量和环余量添加到为检查曲面指定的余量值中。该选项仅适用于检查曲面，包括"无""驱动"和"部件"选项。

● 无：表示只有余量值会留在检查曲面上，不会添加额外的全局余量或环余量。刀具跨过检查曲面的边缘时，此选项非常有用。

● 驱动：表示将为驱动曲面指定的全局余量和当前驱动曲面的环余量添加到检查曲面的余量值中。如果将当前检查曲面用作下一子操作的驱动曲面，则应将"添加的余量"选项设置为"部件"。

● 部件：表示将为部件表面指定的全局余量和当前部件表面的环余量添加到检查曲面的余量值中。

方向移动：辅助刀具定位在部件上。按大致方向指定点或矢量，刀具将沿此方向移动，以到达最初切削位置。当可能存在一个以上停止位置或当刀具远离部件时，此选项很有用。

侧面指示符：当刀具位于曲面上或与曲面重叠时，使用该选项可辨清关于驱动曲面、部件表面或检查曲面的近侧和远侧。

重新选择所有几何体：重新定义进刀几何体。

（8）刀轴

"刀轴"选项用于根据正在加工的曲面来指定刀具方向。一般控制刀轴的方法有3种：三轴、四轴和五轴。

三轴：可使刀轴数据的输出相当于具有固定刀轴的输出。选择此选项，可打开"三轴选项"对话框，该对话框中包含3种可用于定义刀轴的选项。

四轴：可通过强制刀轴保持与指定矢量垂直来控制刀轴数据。选择此选项，可打开"四轴选项"对话框。

五轴：可通过强制刀轴保持与指定矢量垂直来控制刀轴数据。选择此选项，可打开"五轴选项"对话框。

（9）其余选项

在"进刀运动"对话框中还包括"显示刀具""后处理""选项"和"结束操作"等选项，含义如下。

显示刀具：单击此按钮，第一个子操作后的所有子操作在刀具的当前位置显示刀具的实体。

后处理：单击此按钮，将启动"后处理器命令"对话框。

选项：单击此按钮，则弹出"其他选项"对话框，用于编辑或定义表面公差、刀轴公差等。

结束操作：完成参数的设置操作。

3. 退刀运动

当定义了进刀运动和连续刀轨运动后，程序自动弹出"退刀运动"对话框。

"退刀运动"对话框中的选项设置与"进刀运动"对话框的类似，不再重复。

任务五　钻削加工

任务目标 >>

本章重点内容：
1. UG 孔加工类型和刀具。
2. 孔加工参数设置。

一、UG 孔加工类型和刀具

在钻削加工中，刀具快进运动到孔中心的上方，并快速运动到安全点，然后以切削进给速度从安全点到零件加工表面上的加工位置点，再以进给速度切削至孔底，可按要求在孔底停留一定时间，最后以快进速度退回到操作安全点。再移动至下一个孔的上方，进行循环，如图 7-135 所示。

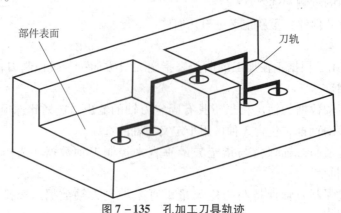

图 7-135　孔加工刀具轨迹

1. 钻削类型

在"创建工序"对话框中选择"drill"类型，如图 7-136 所示，有各种不同的子类型。钻削加工子类型的图标、名称及应用见表 7-5。

表 7-5　钻削加工子类型

图标	名称	应用
	孔加工	适用于在斜面上钻出平位
	定心钻	适用于在平面上钻出孔中心
	钻孔	适用于在平面上钻较深的孔
	啄钻	适用于在平面上按啄式循环运动钻深孔，退刀完全退回再进刀

续表

图标	名称	应用
	断屑钻	适用于在平面上按断屑啄式循环运动钻深孔，退刀只退很小的距离
	镗孔	适用于在平面上对存在的底孔进行镗铣
	铰孔	适用于在平面上对存在的底孔进行铰孔
	沉头孔加工	适用于在平面上对存在的锪底孔平底埋头孔
	钻埋头孔	适用于在平面上对存在的锪底孔锥形埋头孔
	攻丝	适用于在平面上对存在的底孔攻螺纹
	铣削孔	适用于加工那些太大而无法钻孔的凸台或孔
	螺纹铣	适用于在平面上对存在的底孔铣螺纹

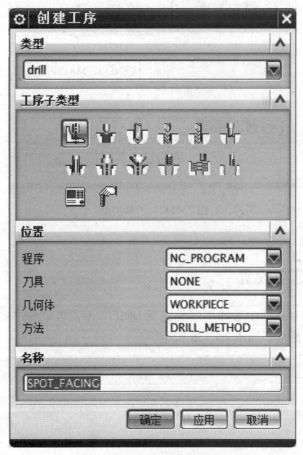

图 7 - 136　钻削加工子类型

2. 钻削刀具

在"创建刀具"对话框中，包含了常用的孔加工刀具，如图 7 – 137 所示。

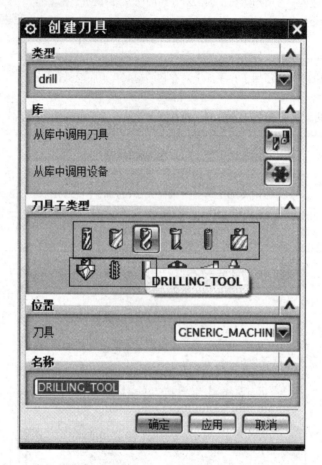

图 7 – 137　刀具类型

二、孔加工选项设置

在"创建工序"对话框中选择工序子类型 DRILLING，再单击"确定"或"应用"按钮，弹出"钻孔"对话框，如图 7 – 138 所示。

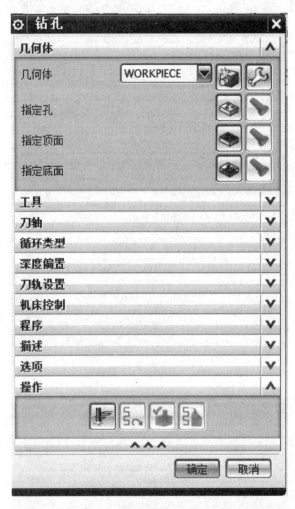

图 7 – 138 "钻孔"对话框

1. 几何体

在"钻孔"对话框的"几何体"选项区中,包括 3 个必须选择的几何体:指定孔、指定顶面和指定底面。

(1) 指定孔

"指定孔"选项主要用来确定要加工的孔。单击"选择或编辑孔几何体"按钮,弹出"点到点几何体"对话框,如图 7 – 139 所示。该对话框中包含了多个定义点的选项,各个选项含义如下。

选择:选择代表孔顶部的几何体。选择方法包括使用光标、根据名称或使用"选择点/圆弧/孔"菜单 (图 7 – 140) 中的任何一个选项。

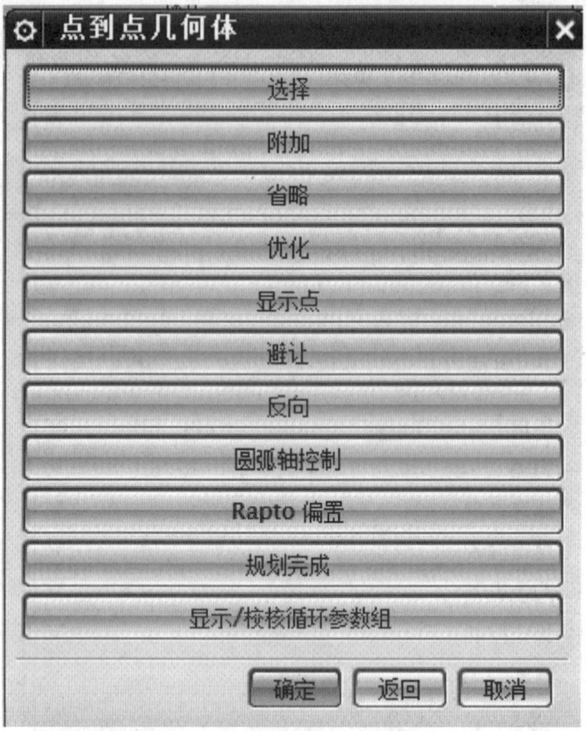

图 7 – 139 "点到点"几何体对话框

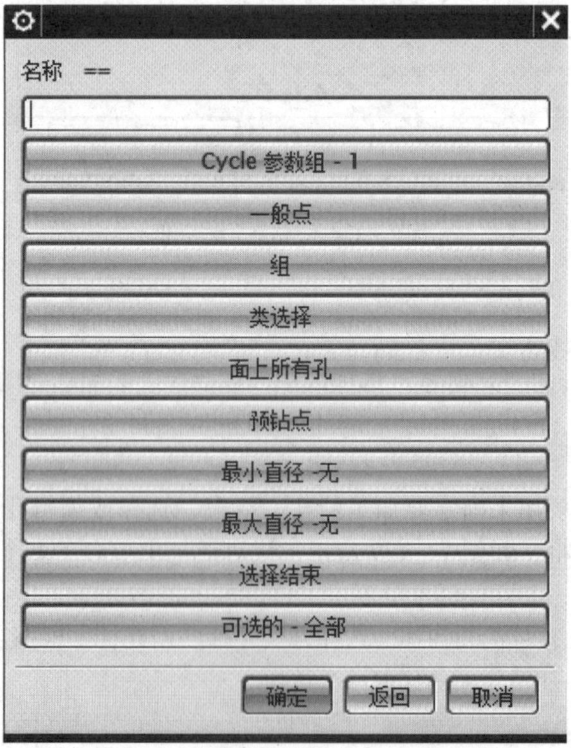

图 7 – 140 "选择点/圆弧/孔"菜单选项

附加：将新的点附加到先前选定的一组点中。如果选择"附加"选项，但不存在先前选定的点，程序将显示出错消息，并指导用户重新选择点。

省略：忽略先前选定的点。生成刀轨时，程序将不考虑在省略选项中选定的点。如果选择此选项时没有指定点，程序将显示"没有要省略的点"。

显示点：在使用省略、避让或优化选项后，校核刀轨点的选择情况。选择此选项，程序将显示这些点的新顺序。

避让：指定可越过部件中夹具或障碍的刀具间距。此选项包括 3 个要素："起点""终点"和"退刀安全距离"。当孔与孔之间没有明显的阻碍特征时，可以不设置避让，如图 7 - 141 所示；当孔与孔之间有阻碍特征时，就必须设置避让，否则将断刀，如图 7 - 142 所示。

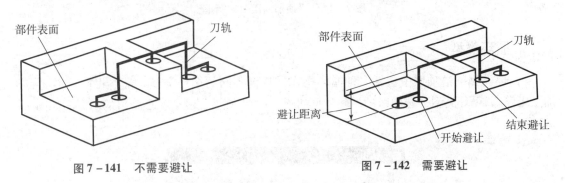

图 7 - 141　不需要避让　　　　　　图 7 - 142　需要避让

反向：可颠倒先前选定的转至点的顺序。

圆弧轴控制：显示或反向显示先前选定的圆弧和片体孔的轴。使用此选项，可确保圆弧轴和孔轴的方位正确，这些轴将作为刀轴来使用。

Rapto 偏置：为每个选定的点、圆弧或孔指定一个 Rapto（快进）值。选择此选项，将弹出"Rapto 偏置"对话框。Rapto 值可正可负，指定负值可使刀具从孔中退出至用户指定的安全距离值处，然后再将刀具定位至后续的孔位置处。

规划完成：完成设置后，单击此按钮完成孔定义。

显示/校核循环参数组：如果存在活动的循环，该选项将激活。该选项可以显示与每个参数集相关联的点，校核（列出值）任何可用参数集的循环参数。

（2）指定顶面

指定顶面是刀具进入材料的位置。指定的顶面可以是一个现有的面，也可以是一个一般平面。如果没有定义部件表面，或已将其取消，那么每个点隐含的部件表面将是垂直于刀轴且通过该点的平面。

单击"选择或编辑部件表面几何体"按钮，弹出"顶部曲面"对话框，如图 7 - 143 所示。

该对话框中包含 4 个选择类型：面、平面、ZC 常数和无。

面：选择此类型，可以通过在文本字段中输入面名称，或在图形显示区域中选择一个面来指定一个实体面。

平面：该类型允许用户通过平面构造器来指定实体面。

ZC 常数：该类型提供了一种定义垂直于 WCS 的 ZC 轴的部件表面的快速方法。

无：选择该类型，可移除先前指定的部件表面，并重新指定。

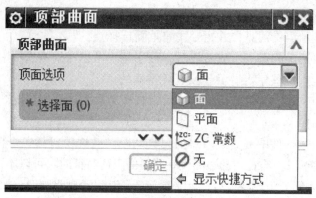

图 7 - 143 "顶部曲面"对话框

2. 循环类型

"循环类型"选项区中包括多种循环操作。选择不同的循环类型，最终将执行不同的孔加工操作。"循环类型"选项区的循环类型如图 7 - 144 所示。最小安全距离的示意图如图 7 - 145 所示。

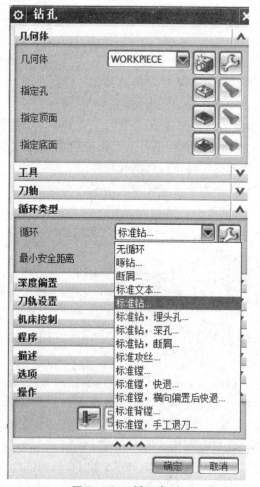

图 7 - 144 循环类型

在"循环"下拉列表中有多种孔加工循环类型，主要为钻、文本、镗等。其含义如下。

无循环：取消任何已活动的循环。

啄钻：在每个选定点处激活一个模拟的啄钻。

标准文本：根据指定的 APT 命令语句副词和参数激活一个带有定位运动的 CYCLE 语句。

标准钻：在每个选定点处激活一个标准钻循环。

标准镗，快退：在每个选定点处激活一个带有非旋转全轴退刀的标准镗循环。

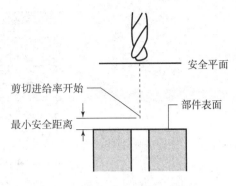

图 7 - 145　最小安全距离

不同的循环类型，其循环参数也会不同，以"标准钻"循环类型为例。在"循环"下拉列表中选择"标准钻"选项，弹出"指定参数组"对话框，如图 7 - 146 所示。通过该对话框可以创建新参数组，也可以选择已有的参数组。单击"确定"按钮，弹出"Cycle 参数"对话框，如图 7 - 147 所示。

图 7 - 146　"指定参数组"对话框

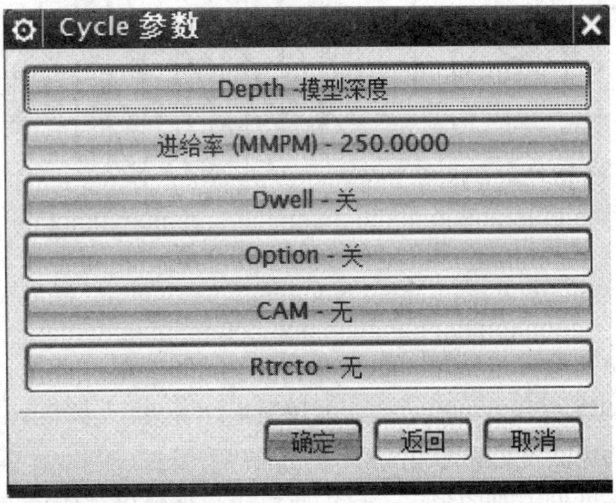

图 7 - 147　"Cycle 参数"对话框

"Cycle 参数"对话框中各选项的含义如下。

（1）Depth（模型深度）

模型深度指的是钻孔切削的深度，即部件平面到刀尖的距离。单击此按钮，弹出"Cycle 深度"对话框，如图 7 - 148 所示。该对话框中的选项含义如下。

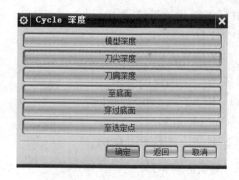

图 7 – 148 "Cycle 深度"对话框

模型深度：单击此按钮，可重新设置模型深度。

刀尖深度：沿刀轴从部件表面到刀尖的深度。

刀肩深度：沿刀轴从部件表面到刀具圆柱部分的底部（刀肩）的深度。

至底面：程序沿刀轴计算的刀尖接触到底面所需的深度。

穿过底面：程序沿刀轴计算的刀肩接触到底面所需的深度。

至选定点：程序沿刀轴计算的从部件表面到钻孔点的 ZC 坐标间的深度。

如果希望刀肩越过底面，可以在定义底面时指定一个安全距离。各刀具深度类型的示意图如图 7 – 149 所示。

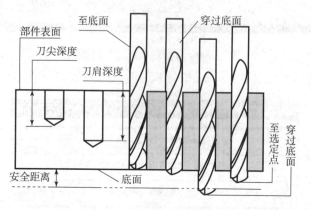

图 7 – 149 刀具深度类型

（2）进给率

此选项是为刀具钻削设置进给率，默认进给率为 250。单击此按钮，弹出"Cycle 进给率"对话框。编辑后的进给率值将显示在功能按钮上。

（3）Dwell（驻留）

驻留是指在切削深度处刀具的延迟。单击此按钮，将弹出"Cycle Dwell"对话框，该对话框的选项含义如下。

关：表示刀具送到指定深度后不发生驻留。

开：表示刀具送到指定深度后发生驻留。

秒：输入以秒表示的驻留值。

转：输入所需的驻留值，以主轴转数为单位。

（4）Option（选项）

若单击此按钮，将激活一个指定循环的备用选项。如果选项为"开"，程序将在CYCLE语句中包含单词OPTION。

（5）CAM

"CAM"表示对一个Z轴不可编程的机床刀具深度预设置的Z轴CAM STOP位置。

（6）Rtrcto（退刀至）

Rtrcto表示沿刀轴测量的从部件表面到退刀后刀具所在点之间的距离。单击"Rtrcto"按钮，则弹出退刀类型设置对话框，如图7-150所示。此对话框包括3个退刀设置类型：距离、自动和设置为空。其含义如下。

距离：以输入值来确定退刀位置。

自动：选择此类型，刀具将沿刀轴退至当前循环开始之前的上一位置处，如图7-151所示。

图7-150 退刀类型

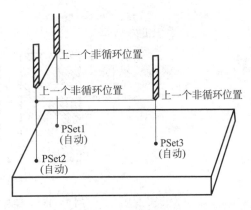

图7-151 自动类型

设置为空：不设置退刀位置。

（7）Step（步长）值

当循环类型选择"标准钻，深孔"时，"Cycle参数"对话框将添加一个"Step值"选项。Step值是指钻孔操作中每个增量要钻入的距离，包括深度逐渐增加的钻孔操作。单击此按钮，则弹出步长设置对话框，如图7-152所示。

在该对话框中可输入1~7个非零步长值。深孔加工中，循环步长的设置示意图如图7-153所示。

3. 深度偏置

"深度偏置"选项区指定盲孔底部以上的剩余材料量，或指定多于通孔应切除材料的材料量。"深度偏置"选项区包含两个选项："通孔安全距离"和"盲孔余量"。"通孔安全距离"应用于通孔；"言孔余量"应用于盲孔。

4. 刀轨设置

使用"刀轨设置"选项区的"避让"选项，可以指定、激活、取消和操作点、直线或

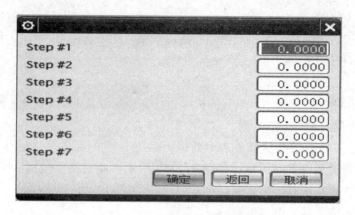

图 7 - 152 "步长设置"对话框

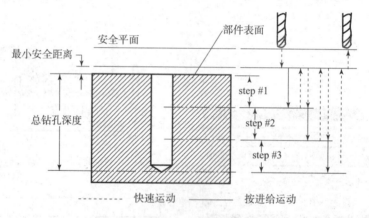

图 7 - 153 深孔加工操作的循环步长

符号。这些点、直线或符号有助于操作之前或之后定义刀具清除运动。此选项也能保存已定义的避让控制参数，这些参数在以后的操作中可能会被调用。

单击"避让"按钮，弹出"铣避让控制"对话框，如图 7 - 154 所示。

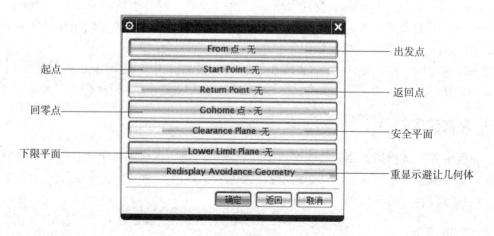

图 7 - 154 "铣避让控制"对话框

该对话框中各按钮的含义如下。

出发点：可在一段新的刀轨开始处定义初始刀位置。

起点：是指可用于避让几何体或装夹组件的刀轨起始序列中的刀具定位位置。

返回点：是指刀具在切削序列结束离开部件时，用于控制刀位置的刀具定位位置。

回零点：最终的刀具位置。

安全平面：可在操作之前和之后，以及任何程序设置好的各点间障碍避让移动过程中，定义刀具运动的安全距离。

下限平面：定义切削和非切削刀具运动的下限。

重新显示避让几何：显示避让几何的点或平面符号。

三、实例

UG 钻削加工主要用于机械制造中各种孔的加工，操作比较简单，下面以一个例子来说明其使用方法。图 7 – 155 所示为一个零件的孔加工。

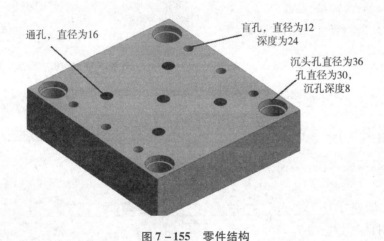

通孔，直径为16　　盲孔，直径为12 深度为24　　沉头孔直径为36 孔直径为30，沉孔深度8

图 7 – 155　零件结构

1. 选择加工模块

弹出"加工环境"对话框，选择"drill"，单击"确定"按钮进入钻削加工环境。

2. 创建刀具

依次创建 ϕ10 中心钻、ϕ12 浅孔钻、ϕ16 深孔钻、ϕ28 深孔钻、ϕ30 镗刀、ϕ36 锪刀，如图 7 – 156 和图 7 – 157 所示。

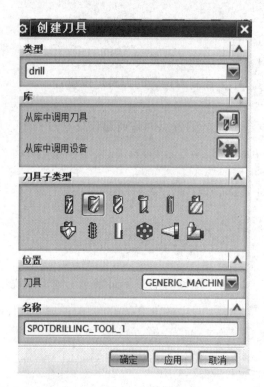

图 7 – 156　选择刀具类型和命名

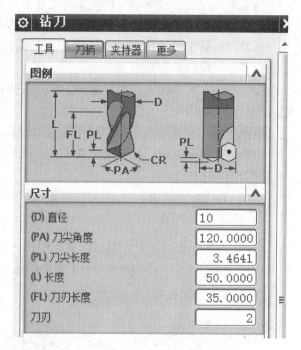

图 7 – 157　ϕ10 中心钻设置

同理，按此方法依次创建其他刀具。

3. 打定位孔

在钻削各类型孔之前，必须使用中心钻打定位孔。

①单击"创建工序"按钮，打开"创建工序"对话框，按图 7 – 158 所示设置工序子类型等。

②单击"确定"按钮，进入"定心钻"对话框，如图 7 – 159 所示。在"几何体"选项区中单击"编辑"按钮，弹出"工件"对话框，如图 7 – 160 所示。分别单击"选择或编辑部件几何体"按钮和"选择或编辑毛坯几何体"按钮，指定零件为部件几何体，以"包容块"方式来确定毛坯几何体。

③在"定心钻"对话框中的"几何体"选项区单击"选择或编辑孔几何体"按钮，弹出"点到点几何体"对话

图 7 – 158　钻削操作类型

图 7 – 159　"定心钻"对话框

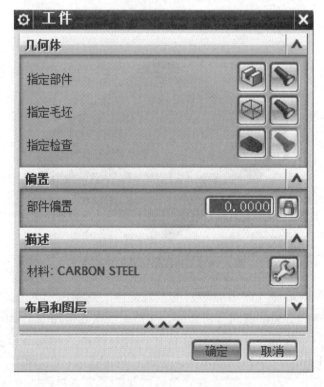

图 7 – 160　"工件"对话框

框，单击"选择"按钮，弹出选择点/圆弧/孔的选项对话框，如图7－161所示。按信息提示在图形区依次选择零件所有孔特征的边缘，选择完成后，关闭指定点几何体操作对话框。选择结果如图7－162所示。

图7－161　选择指定孔几何体选项

图7－162　指定预钻孔的中心点

④在"定心钻"对话框（图7－159）的"几何体"选项区中单击"选择或编辑部件表面几何体"按钮，弹出"顶部曲面"对话框，在图形区中选择顶面，如图7－163所示。

⑤在"循环类型"选项区选择"标准钻"循环，弹出"指定参数组"对话框，单击"确定"按钮，弹出"Cycle参数"对话框，单击"Depth"按钮，弹出"Cycle深度"对话框，在该对话框中单击"刀尖深度"，在弹出的"深度"文本对话框中输入"1"，如图7－164所示。在"最小安全平面"中输入"25"。

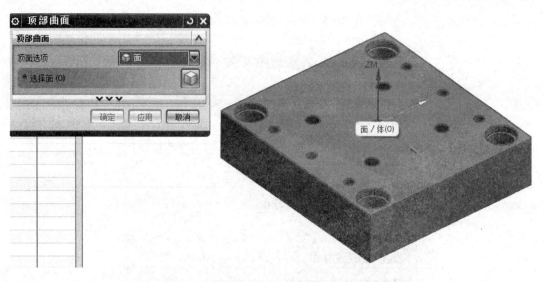

图 7 – 163 选择部件表面几何体

图 7 – 164 设置钻孔循环参数

⑥在"刀轨设置"选项区中选择"进给率和速度"，按图7-165所示进行设置。

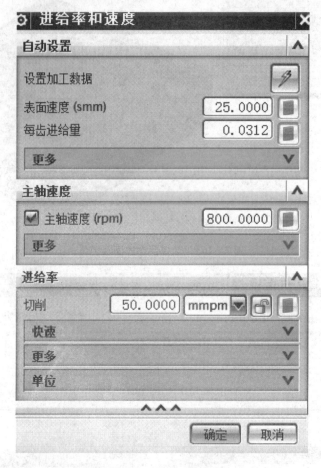

图7-165　速度设置

⑦单击"生成"按钮，程序自动生成钻中心孔刀路，如图7-166所示。最后关闭"定心钻"对话框。

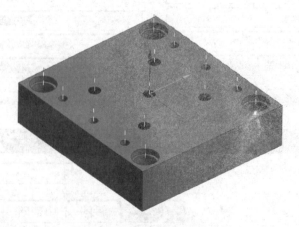

图7-166　生成钻中心孔刀路

4. 钻削加工盲孔

①单击"创建工序"按钮，打开"创建工序"对话框，按图 7 – 167 所示设置工序子类型等。单击"确定"按钮，进入"钻孔"对话框，如图 7 – 168 所示。

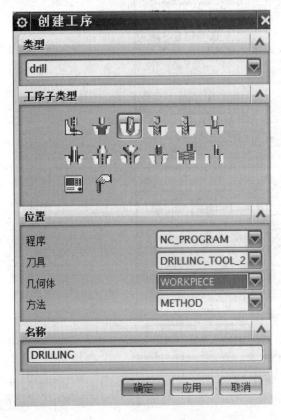

图 7 – 167 选择加工类型

图 7 – 168 "钻孔"对话框

②在"钻孔"对话框的"几何体"选项区中单击"选择或编辑孔几何体"按钮，弹出"点到点几何体"对话框，指定 6 个盲孔的中心点作为孔几何体。

③在"钻孔"对话框的"几何体"选项区中单击"选择或编辑部件表面几何体"按钮，弹出"顶部曲面"对话框，在图形区中选择顶面。最后单击"选择或编辑底面几何体"按钮，选择零件的底面。

④在"循环类型"选项区中选择"标准钻"循环，弹出"指定参数组"对话框，单击"确定"按钮，在弹出的"Cycle 参数"对话框中单击"Depth"按钮，弹出"Cycle 深度"对话框，在该对话框中单击"刀肩深度"，在弹出的"深度"文本对话框中输入"24"。在"最小安全平面"中输入"25"。在"深度偏置"选项区中设置通孔安全距离为 3。

⑤在"刀轨设置"选项区中选择"进给率和速度"，按图 7 – 169 所示进行设置。

⑥单击"生成"按钮，程序自动生成加工盲孔刀路，如图 7 – 170 所示。最后关闭"钻孔"对话框。

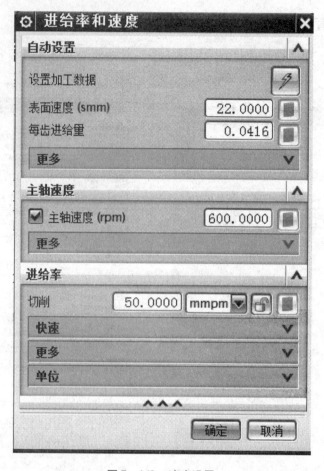

图 7 – 169　速度设置

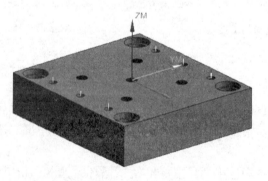

图 7 – 170　盲孔加工刀路

5. 钻削加工通孔

①单击"创建工序"按钮，打开"创建工序"对话框，按图 7 – 171 所示设置工序子类型等。单击"确定"按钮，进入"钻孔"对话框。

②在"钻孔"对话框的"几何体"选项区中单击"选择或编辑孔几何体"按钮，弹出"点到点几何体"对话框，指定 5 个通孔的中心点作为孔几何体。

图 7 – 171　加工类型选择

③在"钻孔"对话框的"几何体"选项区中单击"选择或编辑部件表面几何体"按钮，弹出"顶部曲面"对话框，在图形区中选择顶面。最后单击"选择或编辑底面几何体"，选择零件的底面。

④在"循环类型"选项区中选择"标准钻"循环，弹出"指定参数组"对话框，单击"确定"按钮，在弹出的"Cycle 参数"对话框中单击"Depth"按钮，弹出"Cycle 深度"对话框，在该对话框中单击"穿过底面"，在"最小安全平面"处输入"15"。在"深度偏置"选项区中设置通孔安全距离为"3"。

⑤在"刀轨设置"选项区单击"进给率和速度"按钮，进入"进给率和速度"对话框，设置主轴转速 800，进给率 50，完成后单击"确定"按钮关闭对话框。

⑥单击"生成"按钮，程序自动生成加工盲孔刀路，如图 7 – 172 所示。最后关闭"钻孔"对话框。

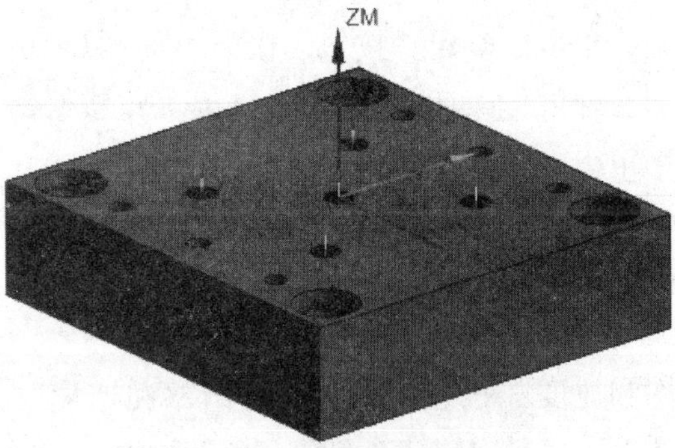

6. 钻削加工导柱孔

（1）预钻孔

图 7 – 172　5 个通孔加工刀路

①单击"创建工序"按钮，打开"创建工序"对话框，选择"啄钻"类型，按图 7 – 173 所示设置工序子类型等。单击"确定"按钮，进入"啄钻"对话框。

图 7 – 173　加工类型选择

②在"啄钻"对话框的"几何体"选项区中单击"选择或编辑孔几何体"按钮，弹出"点到点几何体"对话框，指定 4 个沉头孔的中心点作为孔几何体。

③在"钻孔"对话框的"几何体"选项区中单击"选择或编辑部件表面几何体"按钮，弹出"顶部曲面"对话框，在图形区中选择顶面。最后单击"选择或编辑底面几何体"按钮，选择零件的底面。

④在"循环类型"选项区中选择"标准钻，深孔"循环，弹出"指定参数组"对话框，单击"确定"按钮，在弹出的"Cycle 参数"对话框中单击"Depth_thru_bottom"按钮，弹出"Cycle 深度"对话框，在该对话框中单击"穿过底面"，在"最小安全平面"中输入"15"。在"深度偏置"选项区中设置通孔安全距离为"3"。

⑤在"刀轨设置"选项区中单击"进给率和速度"按钮，进入"进给率和速度"对话框，设置主轴转速 800，进给率 50，完成后单击"确定"按钮关闭对话框。

⑥单击"生成"按钮，程序自动生成加工盲孔刀路，如图 7 – 174 所示。最后关闭

图 7 – 174　加工盲孔刀路

"啄钻"对话框。

（2）精镗加工导柱孔

①单击"创建工序"按钮，打开"创建工序"对话框，选择"镗孔"类型，按图 7 - 175 所示设置工序子类型等。单击"确定"按钮，进入"镗孔"对话框。

图 7 - 175　加工类型选择

②在"镗孔"对话框的"几何体"选项区中单击"选择或编辑孔几何体"按钮，弹出"点到点几何体"对话框，指定 4 个导柱孔的中心点作为孔几何体。

③在"钻孔"对话框的"几何体"选项区中单击"选择或编辑部件表面几何体"按钮，弹出"顶部曲面"对话框，在图形区中选择顶面。最后单击"选择或编辑底面几何体"按钮，选择零件的底面。

④在"循环类型"选项区中选择"标准钻，横向偏置后快退"循环，弹出"Cycle/bore, modrag"对话框，单击"指定"按钮，在弹出的对话框中输入"2"。在"指定参数组"对话框中单击"确定"按钮，在弹出的"Cycle 参数"对话框中单击"Depth_thru_bottom"按钮，弹出"Cycle 深度"对话框，在该对话框中单击"穿过底面"，在弹出的"Cycle 参数"对话框中单击"Dwell"按钮，输入刀具驻留时间为 5 s，并关闭"Cycle 参数"对话框，返回"镗孔"对话框，在"最小安全平面"中输入"15"。在"深度偏置"选项区中设置通孔安全距离为"3"。

⑤在"刀轨设置"选项区单击"进给率和速度"按钮，进入"进给率和速度"对话

框，设置主轴转速 1 000，进给率 40，完成后单击"确定"按钮关闭对话框。

⑥单击"生成"按钮，程序自动生成导柱孔刀路，如图 7 – 176 所示。最后关闭"镗孔"对话框。

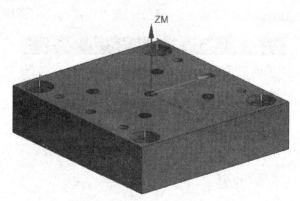

图 7 – 176　导柱孔精镗加工

7. 锪沉头孔

①单击"创建工序"按钮，打开"创建工序"对话框，选择"沉头孔加工"类型，按图 7 – 177 所示设置工序子类型等。单击"确定"按钮，进入"沉头孔加工"对话框。

图 7 – 177　加工类型选择

②在"沉头孔加工"对话框的"几何体"选项区中单击"选择或编辑孔几何体"按钮，弹出"点到点几何体"对话框，指定4个沉头孔的中心点作为孔几何体。

③在"钻孔"对话框的"几何体"选项区中单击"选择或编辑部件表面几何体"按钮，弹出"顶部曲面"对话框，在图形区中选择顶面。

④在"循环类型"选项区中选择"标准钻，埋头孔"循环，弹出"指定参数组"对话框，单击"确定"按钮，弹出"Cycle参数"对话框，单击"Csink–直径"按钮，在对话框中输入直径"36"，在"Cycle参数"对话框中单击"Dwell"按钮，输入刀具驻留时间为5 s，在"Cycle参数"对话框中单击"入口直径"按钮，输入"30"。关闭"Cycle参数"对话框，返回"沉头孔加工"对话框，在"最小安全平面"处输入"15"。

⑤在"刀轨设置"选项区中单击"进给率和速度"按钮，进入"进给率和速度"对话框，设置主轴转速350，进给率40，完成后单击"确定"按钮关闭对话框。

⑥单击"生成"按钮，程序自动生成锪沉头孔刀路，如图7-178所示。最后关闭"沉头孔加工"对话框。

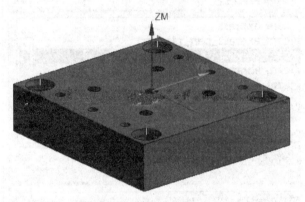

图7-178　锪沉头孔的加工刀路

任务六　多叶片铣削加工

任务目标 >>

1. 叶片铣削概述。
2. UG多叶片铣削功能介绍。

一、叶片铣削概述

涡轮叶片的种类繁多，但各类叶片均由两个主要部分组成，即叶片和叶毂，如图7-179所示。

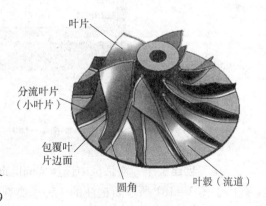

图7-179　叶片组成

因此，叶片的加工也分为叶片加工和叶毂加工。叶毂部分使叶片安全可靠、准确地固定在叶轮上，以保证气道的正常工作。

二、UG 多叶片铣削功能

1. 多叶片铣削类型

进入"加工环境"对话框，选择"mill_multi_blade"，如图 7 – 180 所示，即可进入多叶片铣削环境。

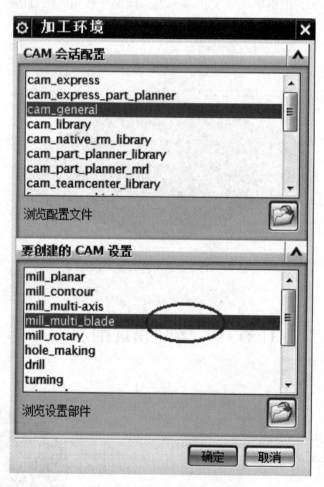

图 7 – 180　"加工环境"对话框

在"创建工序"对话框中选择"mill_multi_blade"，就可以创建多叶片加工操作。表 7 – 6 列出了图 7 – 181 所示所框注的 4 种子类型。

表7-6 多叶片加工工序子类型

图标	英文名称	中文名称	说明
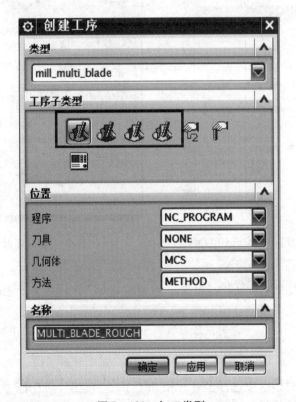	MULTI_BLADE_ROUGH	多叶片粗加工	允许对多叶片类型部件进行多层、多轴粗加工,粗加工是自上而下进行的
	HUB_FINISH	叶毂精加工	可为多个叶毂创建精加工刀轨,叶毂精加工是特定于部件类型的精加工操作
	BLADE_FINISH	叶片精加工	可自叶片和叶片圆角向下精加工到叶毂,这些操作可以允许对多叶片类型部件的叶片或分流叶片进行多轴精加工
	BLEND_FINISH	圆角精加工	加工叶片与叶毂之间的圆角曲面

图7-181 加工类型

2. 定义铣削几何体

双击"WORKPIECE"几何体父项,在打开的"工件"对话框的"几何体"选项区中单击"部件几何体"对话框，设置部件几何体和毛坯几何体。

3. 定义多叶片几何体

双击"MULTI_BLADE_GEOM"父项，将弹出"多叶片几何体"对话框，如图7－182和图7－183所示。

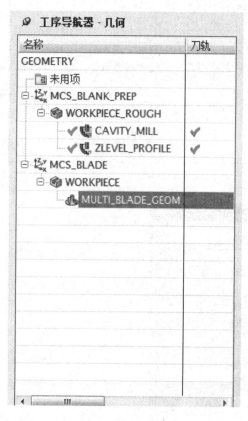

图7－182　选择"MULTI_BLADE_GEOM"

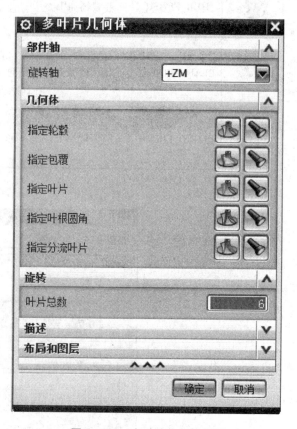

图7－183　多叶片几何体设置

这一步操作主要是指定旋转轴、叶毂、包覆（叶冠）、叶片、叶根圆角、分流叶片及叶片总数（主叶片数）。

4. 驱动方法

在"创建工序"对话框中选择多叶片粗加工工序子类型，如图7－184所示。单击"确定"按钮，进入"多叶片粗加工"对话框，如图7－185所示。

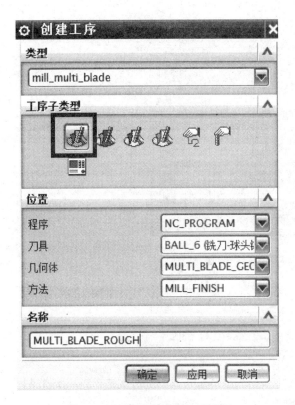

图 7 - 184　"创建工序"对话框

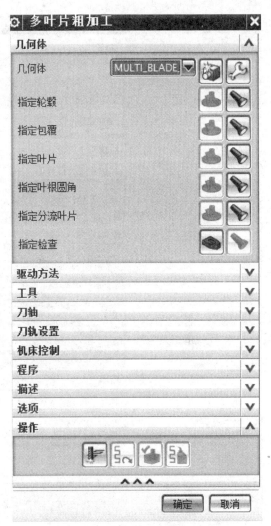

图 7 - 185　"多叶片粗加工"对话框

在"驱动方法"选项区中单击"叶片粗加工"按钮，弹出"叶片粗加工驱动方法"对话框，如图 7 - 186 所示。

- 叶片边点：控制由周围叶片驱动的切削运动在哪一点终止，以及延伸从哪一点开始，叶片左右两侧使用相同的设置，指定的选项应用于前缘和后缘。
- 切向延伸和径向延伸：增加延伸可能增加铣削刀路。
- 指定起始位置：在图形窗口中，显示 6 个可能的起始箭头，选择其中一个以指定操作的起始位置，如图 7 - 187 所示。
- 切削模式：包括"单向"和"往复上升"。
- 切削方向：包括"顺铣"和"逆铣"。
- 步距：步距值为最大可用值，根据外部刀路之间的最大距离确定，延伸呈扇形，刀轨将需要更多的铣削刀路，以提供相同的最大步距。

叶片和叶毂的精加工对话框中的选项与粗加工的相同，不再重复。

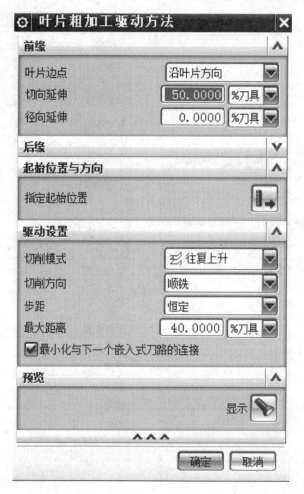

图 7 – 186　"叶片粗加工驱动方法"对话框

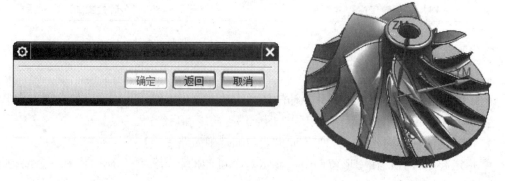

图 7 – 187　指定起始位置

5. 切削层

在"多叶片粗加工"对话框中的"刀轨设置"选项区中单击"切削层"按钮，弹出"切削层"对话框，如图 7 – 188 所示。

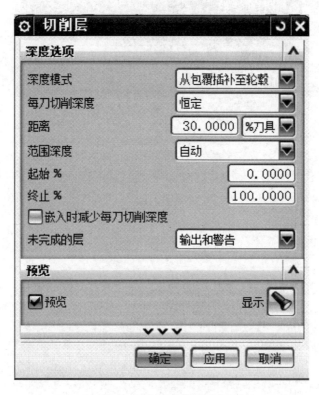

图 7 - 188　切削层设置

● 深度模式：包括 3 种深度模式。"从叶毂偏置"模式让刀轨与叶毂平行。"从包覆插补至轮毂"，使软件进行插补运算，以创建中间切削层，切削深度沿切削刀路发生变化。"从包覆偏置"是随着切削逐渐到达叶毂。

● 每刀切削深度：指定如何测量切削深度，包括"恒定"和"残余高度"。

● 范围深度：指定总的切削深度。包括"自动"和"指定"。

6. 切削参数

在"刀轨设置"选项区中单击"切削参数"按钮，弹出"切削参数"对话框，如图 7 - 189 所示。

在"策略"选项卡中，设置刀轨光顺，可控制刀具在分流叶片前缘之前移动的运动光顺性，提高光顺性可能会产生未切削材料。其余选项卡与 CAM 其他选项设置相同，此处不再重复。

三、实例

本例中，整体叶轮已经进行一次开粗（型腔铣）、二次开粗（剩余铣）操作，只需要利用 UG 多叶片铣削功能来进行半精加工和精加工即可。一次开粗和二次开粗的结果如图 7 - 190 所示。

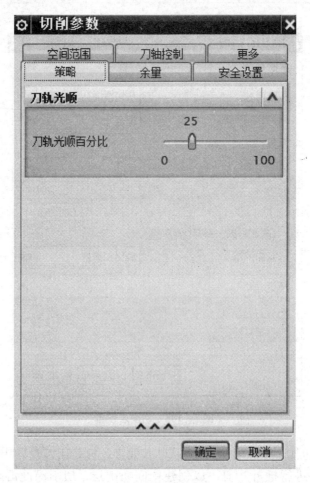

图 7 – 189　切削参数设置

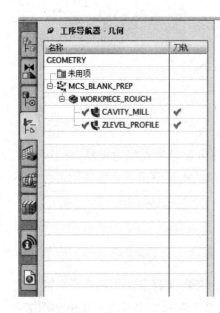

图 7 – 190　两次开粗结果

1. 叶片半精加工操作

①在"插入"组中单击"创建几何体",弹出"创建几何体"对话框,选择 MCS 几何体子类型,选择父级几何体为"GEOMETRY",并输入 MCS_BLADE 几何体名称,单击"确定"按钮,如图 7-191 所示。

图 7-191　创建 MCS_BLADE 几何体

②执行同样的操作,创建名为"WORKPIECE_BLADE 和 MULTI_BLADE_GEOM"的几何体,并指定部件几何体和毛坯几何体。在多叶片几何体中,分别指定一个叶片中的轮毂、包覆、叶片、叶根圆角和分流叶片(仅选择一个分流叶片的面),如图 7-192 和图 7-193 所示。

图 7-192　指定部件和毛坯

图 7 – 193　指定多叶片几何体

③单击"创建工序"按钮，弹出"创建工序"对话框。选择"MULTI_BLADE_ROUGH"工序子类型，单击"确定"按钮，弹出"多叶片粗加工"对话框，如图 7 – 194 所示。

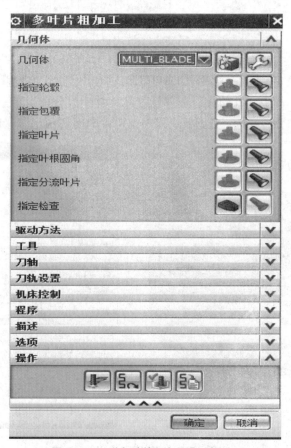

图 7 – 194　"多叶片粗加工"对话框

④在"驱动方法"选项区中单击"叶片粗加工"按钮![按钮]，弹出"叶片粗加工驱动方法"对话框，按图7-195所示进行设置。

⑤在"刀轴"选项区中选择"自动"，在"自动"对话框中按图7-196所示设置。

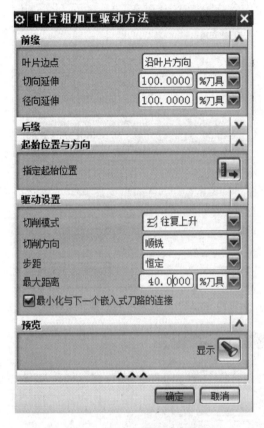

图7-195　设置驱动方法

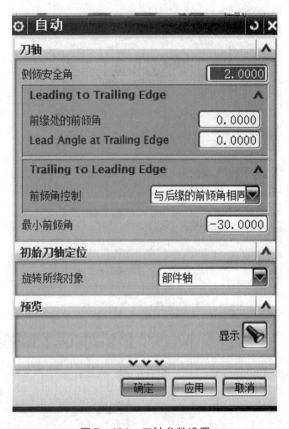

图7-196　刀轴参数设置

⑥在"刀轨设置"选项区中单击"切削参数"按钮，在弹出的"切削参数"对话框中设置"余量"选项卡和"刀轴控制"选项卡，如图7-197和图7-198所示设置。在"刀轨设置"对话框中单击"进给率和速度"，在对话框中按图7-199所示设置。

⑦在"操作"选项区中单击"生成"按钮，自动生成一个叶片的粗加工刀路，一个叶片的刀路，如图7-200所示。鉴于叶轮中的叶片较多，如果一次生成刀路，CAM会花费长时间计算。因此，将整个叶轮按主叶片的片数分成6次来生成粗加工刀路。

⑧在工序导航器中，将MULTI_BLADE_ROUGH粗加工操作进行复制和粘贴，创建另一个叶片的粗加工，重新指定多叶片几何体，其他参数都不用修改，重新生成刀路。同理，一次创建其他叶片的粗加工，复制6次。

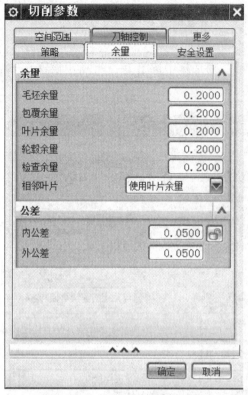

图7-197 "余量"选项卡设置

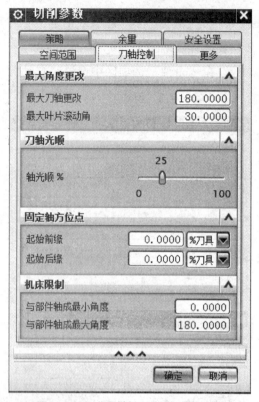

图7-198 "刀轴控制"选项卡设置

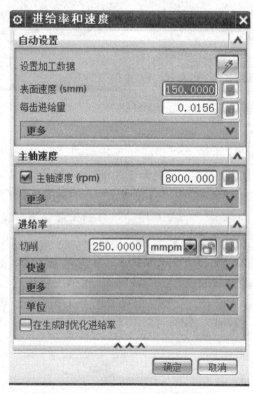

图7-199 "进给率和速度"设置

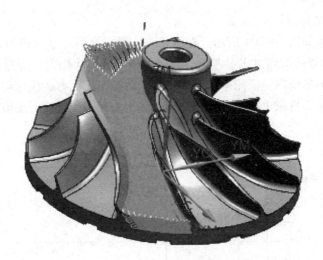

图 7-200 生成的叶片粗加工刀路

2. 叶毂的精加工操作

叶片的精加工、分流叶片的精加工，以及圆角的精加工，都可以参照粗加工的参数来完成，只是参数设置不同而已，其他的方法都是一致的。此处不再叙述。

任务七 车削加工

任务目标 >>

数控车床主要用于轴、盘类等回转零件的加工。通过数控加工程序完成圆柱面、圆锥面、成形表面、螺纹、端面、沟槽、钻孔、铰孔等工序的加工。

1. 车削加工编程基础。
2. UG 车削加工模块。
3. 车削加工公共选项设置。

一、车削加工编程基础

1. 车削加工坐标系

车削加工时，工件做回转运动、工具做直线或圆弧运动来切除材料，形成回转体表面。其中工件回转运动为主运动，刀具直线或曲线运动为进给运动。

在数控编程时，为了描述机床的运动、简化程序编制的方法及保证记录数据的互换性，数控机床的坐标系和运动方向均已标准化，ISO 和我国都拟定了命名的标准。数控车床的坐标系统包括数控车床坐标系、编程坐标系和加工坐标系。

（1）数控车床坐标系

数控车床坐标系如图 7-201 所示。在机床每次通电之后，必须进行回参考点操作（简称回零操作），使刀架运动到机床参考点，其位置由机械挡块确定。通过机床回零操作，确定机床原点，从而准确地建立机床坐标系。对某台数控车床而言，机床参考点与机床原点之间有严格的位置关系，机床出厂前已调试准确，确定为某一固定值，该值就是机床参考点在机床坐标系中的坐标。

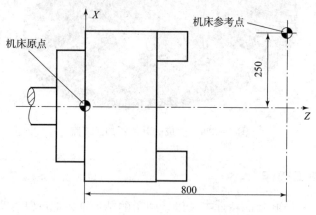

图 7-201 数控车床坐标系

（2）编程坐标系（工件坐标系）

数控车床加工时，工件通过卡盘夹持于机床坐标系下的任意位置，这样用机床坐标系描述刀具轨迹就显得不大方便，为此，编程人员在编写零件加工程序时，通常要选择一个编程坐标系，也称为工件坐标系，如图 7-202 所示。

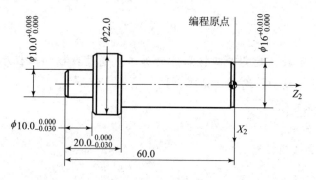

图 7-202 编程坐标系

编程原点也称为工件原点，其位置由编程者自行确定。编程原点是根据加工零件图样及加工工艺要求选定的编程坐标系的原点。编程原点应尽量选择在零件的设计基准或工艺基准上。编程坐标系中各轴的方向应该与所使用的数控机床相应的坐标轴方向一致。

（3）加工坐标系

加工坐标系是指以确定的加工原点为基准所建立的坐标系。加工原点也称为程序原点，是指零件被装夹好后，相应的编程原点在机床坐标系中的位置。在加工过程中，数控机床是按照工件装夹好后所确定的加工原点位置和程序要求进行加工的。编程人员在编制程序时，只需根据零件图样就可以选定编程原点、建立编程坐标系、计算坐标数值，而不必考虑工件毛坯装夹的实际位置。对于加工人员来说，则应在装夹工件、调试程序时，将编程原点转换为加工原点，并确定加工原点的位置，在数控系统中给予设定（即给出原点设定值）。设定加工坐标系后，可以根据刀具当前位置确定刀具起始点的坐标值。在加工时，工件各尺寸的坐标值都是相对于加工原点而言的，这样数控机床才能按照准确的加工坐标系位置开始加工。

2. 车削刀具的种类与特点

数控刀具的种类很多，可以根据加工形式、刀具结构、刀片材料、切削工艺等进行分类。

（1）按加工形式分类

根据不同的车削加工内容，在车削加工时，按工件加工表面的形式，可以分为外圆车刀、端面车刀、切断刀、内孔车刀、圆头刀和螺纹车刀等。常用车刀如图7-203所示。

图7-203 常用车刀

（2）按刀具结构分类

车刀按结构分类，有整体式、焊接式、机夹式和可转位式4种类型。车刀的结构类型如图7-204所示。

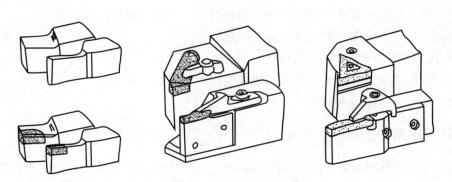

图7-204 车刀的结构类型

3. 车削刀具的选择

选择数控车削刀具通常要考虑数控车床的加工能力、工序内容及工件材料等因素。要求精度高、刚度好、耐用度高、尺寸稳定、安装调整方便。

（1）刀片材质的选择

常见刀片材料有高速钢、硬质合金、涂层硬质合金、陶瓷、立方氮化硼和金刚石等。

（2）刀片形状的选择

刀片形状主要依据被加工工件的表面形状、切削方法、刀具使用寿命和刀片的转位次数等因素选择。

刀片是机夹可转位车刀的重要组成元件，刀片大致可分为三大类17种。图7－205所示为常见的可转位车刀刀片。

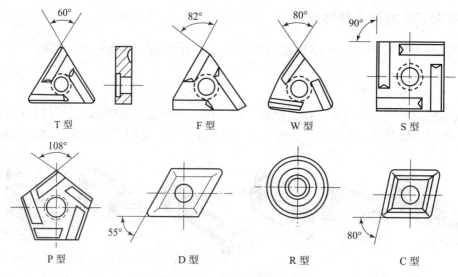

图 7－205　常见可转位刀片

（3）车刀的用途

常用车刀的基本用途如下。

- 90°车刀（偏刀）：用来车削工件的外圆、台阶和端面。
- 45°车刀（弯头车刀）：用来车削工件的外圆、端面和倒角。
- 切断刀：用来切断工件或在工件上切槽。
- 内孔车刀：用来车削工件的内孔。
- 圆头刀：用来车削工件的圆弧面或成型面。
- 螺纹车刀：用来车削螺纹。

4. 数控车削加工顺序的确定

分析了零件图样和确定了工序、装夹方式后，需要确定零件的加工顺序。零件车削加工顺序的制订，一般应遵守下列原则。

（1）先粗后精

按照粗车→半精车→精车的顺序，逐步提高加工精度。粗车将在较短的时间内将工件表面上的大部分加工余量切掉。这样一方面提高了金属切除率，另一方面满足了精车的余量均匀性要求。若粗车后所留余量的均匀性满足不了精加工的要求，则要安排半精车加工，为精车做准备。精车要保证加工精度，按图样尺寸，一刀车出零件轮廓。

（2）先近后远

这里所说的远和近是按加工部位相对于对刀点的距离大小而言的。在一般情况下，离对刀点远的部位后加工，以便缩短刀具移动距离，缩短空行程时间。并且对于车削而言，先近后远还有利于保持坯件或半成品的刚度，改善其切削条件。

（3）内外交叉

对既有内表面（内型、腔）又有外表面需要加工的零件，安排加工顺序时，应先进行内、外表面粗加工，后进行内、外表面精加工。切不可将零件上一部分表面（外表面或内表面）加工完毕后，再加工其他表面（内表面或外表面）。

二、UG 车削加工模块

1. 车削的加工环境

UG 车削加工的加工环境和铣加工有所不同，在弹出的"加工环境"对话框中，选择"CAM 会话配置"为"lathe"（车床）或"lathe_mill"（车铣），也可以选择"cam_general"，在"要创建的 CAM 设置"选项列表中选择"turning"（车削加工），如图 7 - 206 所示。进入加工环境后，在加工方法视图中，可以看到加工方法的父组对象与铣削加工不同，如图 7 - 207 所示。其含义如下：

图 7 - 206　"加工环境"对话框

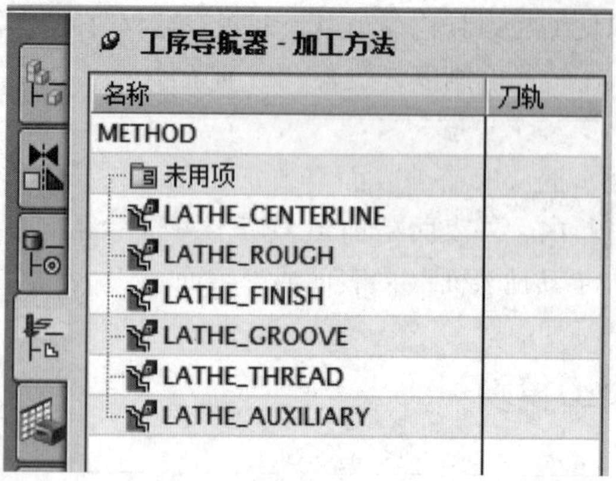

图 7-207　加工方法视图

- LATHE_CENTERLINE：中心线车加工。
- LATHE_ROUGH：粗车。
- LATHE_FINISH：精车。
- LATHE_ GROOVE：车槽。
- LATHE_THREAD：车螺纹。
- LATHE_AUXILIARY：辅助车削。

将视图切换为"GEOMETRY"（几何视图），可看见该视图下的父组对象增加了"TURNING_WORKPIECE"（车削毛坯），如图 7-208 所示。

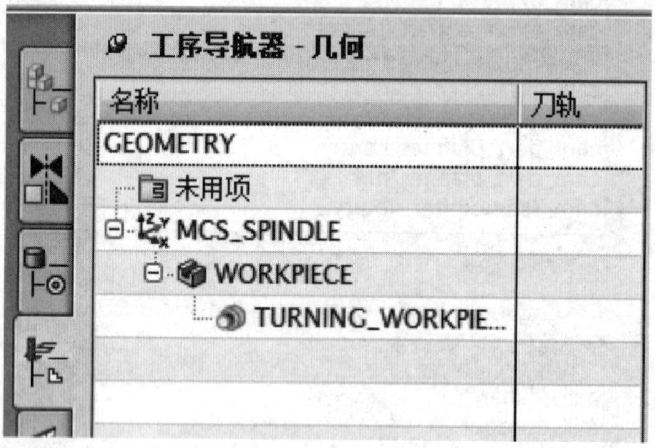

图 7-208　几何视图

2. 车削加工子类型

在"插入"面板上单击"创建工序"按钮，弹出"创建工序"对话框，如图 7-209 所示，按照加工类型的不同，分为四大类。

- 循环固定加工：从中心孔到攻螺纹。
- 表面加工：从车削端面到精车内孔。
- 螺纹加工：车削内、外螺纹。
- 其他加工：从模式到用户定义。

图 7 - 209 "创建工序"对话框

三、车削加工公共选项设置

在车削加工类型模板中，子类型有很多共同的选项，这些选项（如刀轴、进给、速度等）的设置过程、参数确定在每个类型里几乎是一样的。因此，本节将对公共选项设置集中进行讲解。

1. 车削几何体

在"插入"面板上单击"创建几何体"按钮，弹出"创建几何体"对话框，如图 7 - 210 所示。共包含 6 个几何体子类型。

（1）MCS 主轴

选择此子类型，单击"应用"按钮，弹出"MCS 主轴"对话框，可以选择车床的工作平面 $ZM - XM$ 或 $ZM - YM$，如图 7 - 211 所示。

（2）WORKPIECE

用户可以创建一个实体模型作为工件（毛坯）或部件，然后通过打开的"工件"对话框进行工件定义。程序会自动获取 2D 形状，用于车削加工操作及定义成员数据，并将 2D 形状投影到车床工作平面，以用于编程。

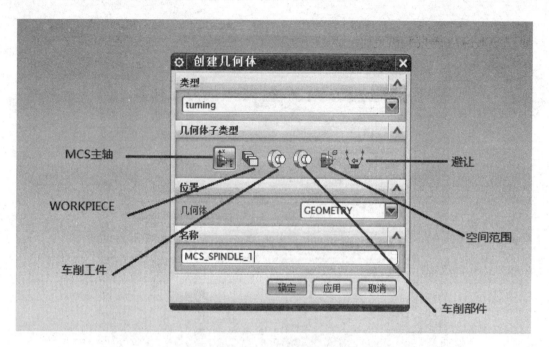

图 7 – 210 "创建几何体"对话框

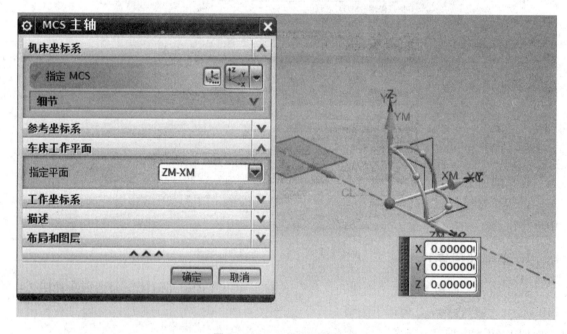

图 7 – 211 工作平面的指定

（3）车削工件

"车削工件"子类型用来定义车削工件。可按图 7 – 212 所示的步骤完成车削工件的选取。在"选择毛坯"对话框中，有 4 种毛坯型材类型可供选择，分别为"杆材""管材""曲线型材"和"从工作区"。

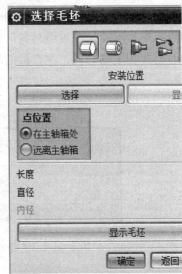

图 7－212　车削工件

● 杆材：杆材是杆形的原料，即中间没有孔。如果要加工的部件几何体是实心的，则选择杆材。

● 管材：管材也是杆形的，但它是中空的。如果工件带有中心钻孔，则选择管材。

● 曲线型材：此型材具有预成型的形状，可以减少为完成部件加工而要移除的材料量。

● 从工作区：当以多主轴进行加工或在同一主轴上加工旋转部件时，可以选择前一个操作的最终结果作为下一组操作的毛坯。

（4）车削部件

用于创建车削部件几何体。

（5）空间范围

选择此子类型，单击"应用"按钮，弹出"空间范围"对话框，如图 7－213 所示。

"空间范围"将加工操作限定在部件的一个特定区域内。空间范围设置可影响切削区域自动检测，以防止系统在指定的限制区域之外加工。可以使用径向或轴向的修剪平面、修剪点和修剪角度来定义空间范围。"空间范围"对话框选项含义

图 7－213　"空间范围"对话框

如下：

• 修剪平面：修剪平面可以将加工限制在平面的一侧。修剪平面可以指定一个、两个或三个，如图 7 – 214 所示。

• 修剪点：使用修剪点功能，可以对整个成链的部件边界指定切削区域的起始和终止位置。修剪点最多可以选择两个。要使系统能够识别要切削的所有剩余材料，所设置的修剪点必须尽可能地接近该材料。如图 7 – 215 所示，修剪点被设在槽的底部，系统可以识别出所有要切削的材料，并在槽的底部形成光滑的表面。

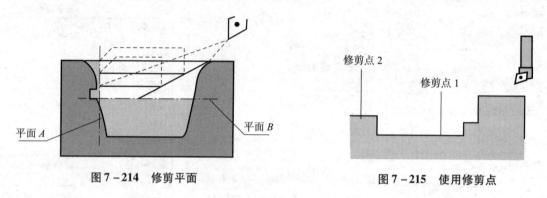

图 7 – 214 修剪平面   图 7 – 215 使用修剪点

• 限制选项：为修剪平面定义选项，包括"无""点"和"距离"。"无"表示不创建修剪平面；"点"表示指定一个点，以定义修剪平面；"距离"选项对于径向修剪平面，可沿 Y 轴指定一个距离以偏置平面，对于轴向修剪平面，可沿 X 轴指定一个距离以偏置平面。

• 半径：径向平面到轴心的距离。

• 点选项：指定如何定义修剪点，包括"无"和"指定"两个选项。"无"表示不创建修剪点；"指定"选项是在图形区中指定修剪点，并打开"指定"选项的子选项。

• 指定点：通过点构造器来指定修剪点。

• 延伸距离：沿上一个分段的方向延伸切削区域，如图 7 – 216 所示。

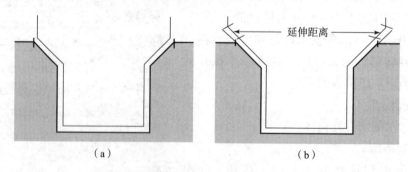

（a）   （b）

图 7 – 216 延伸距离

（a）无"延伸距离"；（b）指定"延伸距离"

• 角度选项：可指定从 X 轴逆时针测量的、刀具用于接近或离开修剪点的角度，包括"自动""矢量"和"角度"3 个选项。"自动"是指使用某个角度来清除部件几何体；"矢量"可指定某个矢量来定义修剪角；"角度"可输入角度值，默认值是 0。

• 检查超出修剪范围的部件几何体：检查超出修剪点的部件几何体，并调整通向或来自修剪点的刀轨，以避免过切。

（6）避让

"避让"子类型是指定、激活或取消用于刀轨前或后进行非切削运动的几何体，以避免与部件或夹具碰撞。"避让"对话框如图 7 - 217 所示。通过该对话框，可以设置车削加工的出发点、起点、逼近点、离开点、返回点、回零点和径向安全平面等。

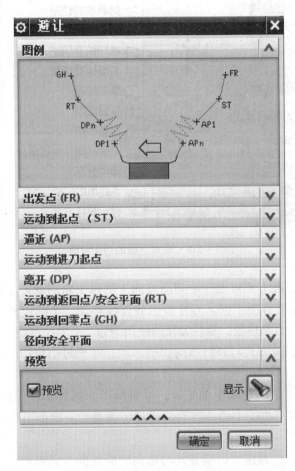

图 7 - 217　"避让"对话框

2. 粗车、镗的切削策略

切削策略是指切削方式。根据车削加工的方法的不同，切削策略也不同，如图 7 - 218 所示。

各切削策略的含义如下：

- 单向线性切削：此方式的各层切削方向相同，均平行于前一个层切削。当要对切削区域应用直层切削进行粗加工时，可选择此方式。
- 线性往复切削：此方式是一种有效的切削策略，可以迅速移除大量材料，并对材料进行不间断切削。

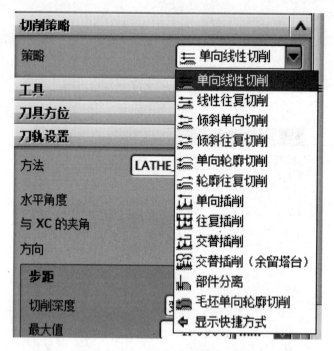

图 7 - 218   粗车、镗的切削策略

- 倾斜单向切削：此方式可使一个切削方向上的每个切削或每个备选切削，从刀路起点到刀路终点的切削深度有所不同。刀片沿边界连续移动，切削边界上的临界应力点（热点）位置，从而分散应力和热量，延长刀片的使用寿命。

- 倾斜往复切削：此方式与倾斜单向切削不同，对于每个粗切削，均交替变换切削方向，因而减少了加工时间。

- 单向轮廓切削：单向轮廓粗加工时，刀具将逐渐逼近部件的轮廓。在这种方式下，刀具每次均沿着一组等距曲线中的一条曲线运动，而最后一次的刀路曲线将与部件的轮廓重合。

- 轮廓往复切削：该刀路的切削方式与单向轮廓切削方式类似，不同的是，此方式在每次粗加工刀路之后还要反转切削方向。

- 单向插削：该方式是一种典型的与槽刀配合使用的粗加工方式。

- 往复插削：该方式并不直接插削槽底部，而是使刀具插削到指定的切削深度（层深度），然后进行一系列的插削，以移除处于此深度的所有材料。接着再次插削到新指定的切削深度，并移除处于该深度的所有材料。最终以往复方式来回往复执行以上一系列切削，直至到达槽底部。

- 交替插削：该方式将各后续插削分别应用到与上一次插削相对的一侧。

- 交替插削（余留塔台）：该方式通过偏置连续插削（即第一个刀轨从槽的一肩运动至另一肩之后，"塔"保留在两肩之间），在刀片两侧实现对称刀具磨平。当在反方向执行第二个刀轨时，将切除这些"塔"。

3. 精镗（或轮廓加工）的切削策略

精镗（或轮廓加工）的切削策略如图 7 – 219 所示。

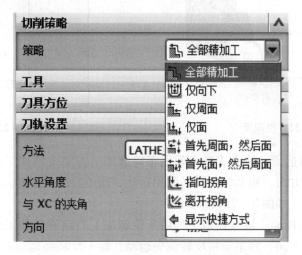

图 7 – 219　精镗（或轮廓加工）的切削策略

各切削策略的含义如下：

• 全部精加工：该方式下对每种几何体按其刀轨进行轮廓加工，无须考虑轮廓类型（如面、直径、层、陡峭）。如图 7 – 220 所示。

• 仅向下：该方式决定了刀具只能从顶部向底部进行切削，且停止位置不会由于方向的改变而改变。如图 7 – 221 所示。

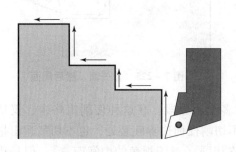

图 7 – 220　全部精加工

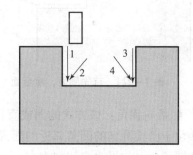

图 7 – 221　仅向下

• 仅周面：该方式是一种用于轮廓加工刀路或精加工的切削策略。在这种策略中，仅切削被指定为直径的几何体。如果改变切削方向，系统将反转切削运动，停止位置不会由于切削方向的改变而改变。如果仅有一个直径要切削，则不会在备选螺旋刀路间退刀和进刀，仅在第一刀路前应用进刀运动，并仅在最后螺旋刀路后应用退刀运动，如图 7 – 222 所示。

• 仅面：该方式是一种用于轮廓加工刀路或精加工的切削策略。在此策略中，如果改变切削方向，程序不会反转切削运动，运动始终是顶部到底部。如果改变切削方向，停止位置不会改变。无论"替代"选项是否打开，程序都将在每个螺旋刀路间退刀/进刀。因为系统始终仅向下切削，所以刀路的终点永远不会与下一刀路的起点具有相同的坐标，因此需要退刀和进刀，如图 7 – 223 所示。

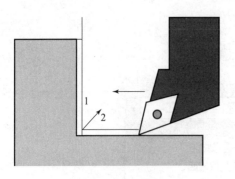

图 7-222　仅周面

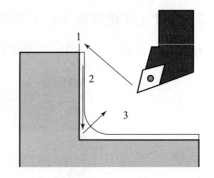

图 7-223　仅面

- 首先周面，然后面：该方式是一种用于轮廓加工刀路或精加工的切削策略。在此策略中，如果改变切削方向，则系统将反转圆周运动，而不反转面运动。停止位置不会由于切削方向的改变而改变，如图 7-224 所示。

- 首先面，然后周面：该方式是一种用于轮廓加工刀路或精加工的切削策略。在此策略中，如果改变切削方向，则系统将反转圆周运动，而不反转面运动；如果周面上有需要处理的剩余材料，可为"停止位置"选项输入一个值，让刀具清除圆周面上的剩余材料，以防刀具被掩埋；停止位置不会由于切削方向改变而改变，如图 7-225 所示。

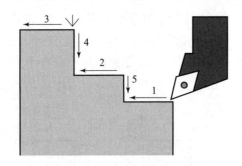

图 7-224　首先周面，然后面

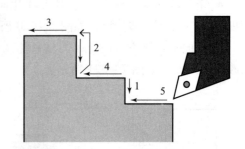

图 7-225　首先面，然后周面

- 指向拐角：该方式的面或直径区域可包含多个边界段。在这种切削策略中，仅切削那些位于已检测到的凹角邻近的面或直径；它既不切削任何边界断裂处，也不切削超出指定面的圆凸角；如果改变切削方向，运动方向仍始终相同（对于拐角的中间而言），但是程序将颠倒拐角，并总是在首先切削的拐角刀柄上设置停止位置（这取决于切削方向）；每个精加工刀路都以自动退刀运动完成，此移动由程序控制，以使刀具离开部件。

- 离开拐角：该方式下，程序将自动计算进刀角值并使之与该角的角平分线对齐。在这种切削策略中，仅切削那些位于已检测到的凹角邻近的面或直径；它既不切削任何边缘断裂处，也不切削超出指定面的圆凸角；如果改变切削方向，运动的方向仍始终是相同的（拐角的中间以外），但是程序将颠倒拐角和拐角刀柄序列，如程序将从底部到顶部切削角面，并且不能使用停止。

4. 刀轨一般设置

打开任意一个车削操作类型的操作对话框，其"刀轨设置"选项区的选项均如图 7-

226 所示。该选项区主要设置"水平角度""方向""切削深度""变换模式""清理""附加轮廓加工"等选项，介绍如下：

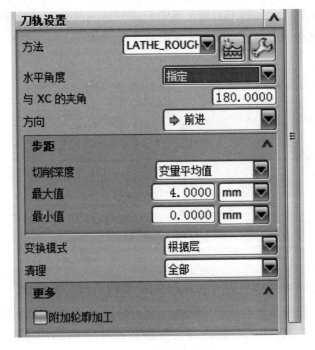

图 7 - 226　"刀轨设置"选项区

（1）水平角度

"水平角度"可定义单独层切削的方位，此方位可由程序在线性粗加工操作中计算得出。从中心线按逆时针方向测量水平角度，它可定义粗加工线性切削的方位和方向。为方便起见，用箭头方向表示实际选择的切削方向。水平角与中心线的"正"方向相同。水平角定义如图 7 - 227 所示。通过考虑定义的刀具方位和水平角，程序将计算粗加工切削区域所需的所有刀具运动。采用这种方式，只要指定单个值——水平角度，就可以自由变换各加工侧的切削方向。

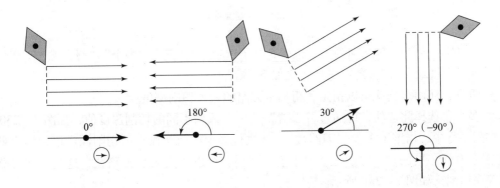

图 7 - 227　水平角度定义

（2）方向

刀具的切削方向有两种：向前和向后，如图 7-228 所示。反方向为向后。车削加工时，车刀一定要沿着规定的方向前进，如果违反方向规定，程序可能拒绝生成刀路，甚至加工时造成刀具损坏。对于单一方向切削刀具，程序生成刀具轨迹时已调核好，一般不需要调整；对于能往复切削的刀具，可根据实际的工艺调整切削方向。

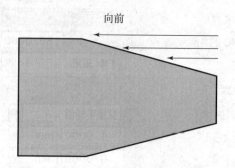

向前

图 7-228　刀具切削方向

（3）切削深度

利用"切削深度"可以指定粗加工操作中各刀路的切削深度。该值可以是用户指定的固定值，或者是程序根据指定的最小值和最大值而计算出的可变值。程序在计算的或指定的深度处生成所有非轮廓加工刀路，在切削深度或小于切削深度位置处生成轮廓加工刀路。

对于可变深度切削方法，程序根据切削线和部件几何体将部件分为若干个区域，如图 7-229 所示。

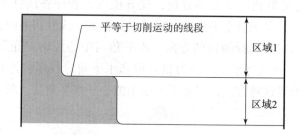

平等于切削运动的线段

区域1

区域2

图 7-229　可变深度切削

在"切削深度"下拉选项列表中包含 5 个子选项："恒定""多个""级别数""变量平均值"和"变量最大值"。各子选项含义如下。

- 恒定：使用该选项可以指定各粗加工刀路的最大切削深度。
- 多个：选择此选项，可通过"设置"定义一系列不同的切削深度值，如图 7-230 所示。在同一行中，指定了多少"刀路数"，就执行多少次前次操作的切削深度值，用户最多可以指定 10 个不同的切削深度值。对于余料切削，可以指定附加刀路数，这些附加刀路均采用等深切削，如图 7-231 所示。
- 级别数：也称"层数"，通过指定粗加工操作的层数，生成等深切削。

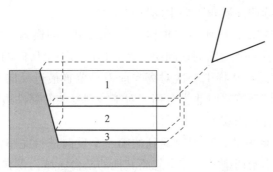

图 7 - 230 多个切削

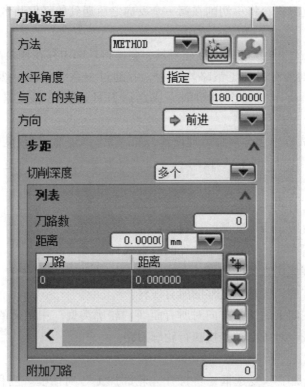

图 7 - 231 "多个"设置

• 变量平均值:选择该选项,可以输入最小和最大切削深度,程序根据不切削"大于指定的最大深度值或小于指定的最小深度值"的原则,计算所需最小刀路数。

• 变量最大值:选择该选项,则可以指定最大和最小切削深度,程序将依此值确定区域。刀具将尽可能多次地在指定的最大深度值处进行切削,然后一次性地切削各独立区域中大于或等于指定的最小深度值的余料。

(4)变换模式

"变换模式"决定了使用何种切削方式将切削变换区域中的材料移除(即这一切削区域中部件边界的凹部)。"变换模式"下拉列表框中包含了5种方式:"根据层""反置""最接近""以后切削"和"忽略"。各方式的含义如下。

• 根据层:选择此方式,程序将在反向的最大深度处执行各粗切削,当进入较低反向的切削层时，程序将继续切削层角方向上的反向切削。

- 反置：选择该方式，则按照与"根据层"模式相对的模式切削反向的切削层。也就是说，程序将先切削最后一个反向的切削层，然后返回第一个反向的切削层。
- 最接近：若程序总是选择下一次对离当前刀具位置最近反向的切削层进行切削，则该选项在结合使用往复切削策略时非常有用。对于特别复杂的部件边界，采用这种方式可以减少刀轨，因而可以节省相当多的加工时间。
- 以后切削：选择此方式，仅在对遇到的第一个反向进行完整深度切削时，才能执行对更低反向的粗切削。初始切削时，完全忽略其他的凸台区域，仅在完成开始的切削之后才对其进行加工。这一原则可应用于之后在同一切削区域遇到的所有反向切削。
- 忽略：选择此方式，将不切削在第一个反向之后遇到的任何凸台的区域。

（5）清理

为进行下一切削运动而从轮廓上提起刀具，会使得轮廓中存在残余高度或阶梯状的残料余留。"清理"参数对所有粗加工策略均可用，并通过一系列切除梯级的切削来改善加工状况。"清理"选项决定了一个粗切削完成之后刀具遇到轮廓元素时如何继续刀轨的行进。

"清理"下拉列表框中包含多种清理设置，如"无""全部""仅陡峭的""除陡峭以外所有的""仅层""除层以外所有的""仅向下"和"每个变换区域"。各选项的含义如下。

- 无：不清理残料。
- 全部：清理所有残料。
- 仅陡峭的：仅限于清理陡峭的残料。
- 除陡峭以外所有的：清理陡峭之外的所有残料。
- 仅层：仅清理标识为层的残料。
- 除层以外所有的：清理层之外的所有残料。
- 仅向下：仅按向下的切削方向对所有面（"轮廓类型"中定义的）进行清理。
- 每个变换区域：对各单独变换执行轮廓刀路。

（6）附加轮廓加工

勾选"附加轮廓加工"复选框，将打开"轮廓加工"对话框。当程序进行多次粗切削后，轮廓加工操作可清理部件表面。与"清理"不同的是，轮廓加工将沿着整个部件边界或边界的一部分（如单反向），首先进行整个切削区域或当前加工的各反向切削的所有粗切削操作，然后才是轮廓加工操作。

由于轮廓加工中提供的策略与精加工中的策略相同，因此，仅在粗加工中提供了轮廓加工功能。

5. 切削参数

在 UG NX 9.0 车削加工中，"切削参数"对话框如图 7-232 所示。

（1）"策略"选项卡

"策略"选项卡主要用于设置切削、切削约束和刀具的安全角。各选项的含义如下。

图 7 - 232　"切削参数"对话框

● 排料式插削：控制是否添加附加插削，以避免由于刀具挠曲而过切。包括两个子选项："无"和"离壁排料切削"。"无"，表示不使用排料式插削；"离壁排料切削"，在线性粗加工中使用槽刀的情况下，必须使用此选项，这样才能避免由于刀具挠曲所导致的过切。利用"排料式插削"可以通过附加插削从部件边界附近开始切削各层，以切除边界旁边的材料，并留出空间，从而防止侧面切削时刀具尾角过切部件。当刀具偏转，又没有选择"排料式插削"选项时，则会产生图 7 - 233 所示的过切现象。当选择"排料式插削"选项后，则不会产生刀具过切现象，如图 7 - 234 所示。

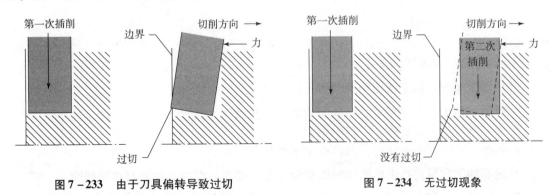

图 7 - 233　由于刀具偏转导致过切　　　　　图 7 - 234　无过切现象

● 粗切削后驻留：在插削运动的每个增量深度处输出一个驻留命令。当激活切削控制时，也可以在后续的增量插削运动中初始化此命令。

● 允许底切：勾选此复选框，可启用或禁用底切，如图 7 - 235 所示。

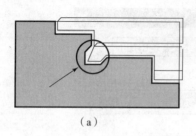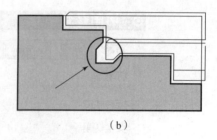

图 7 – 235　启用和禁用底切

(a) 允许底切；(b) 不允许底切

● 最小切削深度：指定是否抑制小于指定值的深度切削。该选项包括两个子选项："无"和"指定"。其中，"无"表示不抑制小于指定值的深度切削；"指定"要求指定要抑制的切削的尺寸。

● 最小切削长度：指定是否抑制小于指定值的长度切削。

● 刀具安全角：此角起保护作用。在计算粗加工、精加工和教学模式中可用的所有车刀类型的免过切刀轨时，需要考虑此角。用户可将"首先切削边缘"和"最后切削边缘"指定为安全角度。图 7 – 236 所示显示了在切削区域和刀轨中输入刀具安全角的效果。

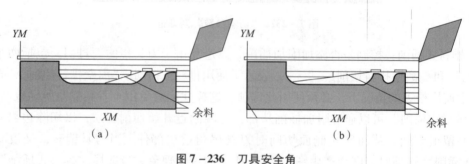

图 7 – 236　刀具安全角

(a) 刀具安全角 = 0°；(b) 刀具安全角 = 10°

(2)"余量"选项卡

余量是指完成一个操作后处理中的工件上留下的材料。根据切削方法的不同，"余量"选项卡有所不同。各选项的含义如下：

● 精加工余量：指定精切削及任何可选清理刀路的余量。

● 恒定：指定一个余量值，以应用于所有元素。

● 面：指定一个余量值，以仅应用于面。

● 径向：指定一个余量值，以仅应用于直径。

● 轮廓加工余量：指定轮廓切削的余量。这些选项与粗加工余量的选项相同。

● 毛坯余量：指定刀具与已定义的毛坯边界之间的偏置距离。这些选项与粗加工余量的选项相同。

● 公差：设置内公差和外公差的值。该公差应用于部件边界，并确定偏离边界的可接受量。精加工余量、粗加工余量和毛坯余量的图例如图 7 – 237 所示。

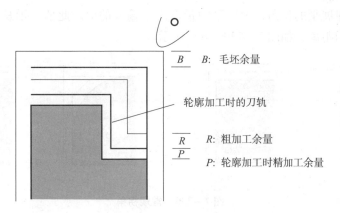

B: 毛坯余量

轮廓加工时的刀轨

R: 粗加工余量

P: 轮廓加工时精加工余量

图 7 - 237　三种余量类型

(3)"拐角"选项卡

"拐角"选项卡可指定拐角处轮廓切削的行为。拐角可以是法向角或表面角。"拐角"选项卡如图 7 - 238 所示。其中各选项的含义如下。

图 7 - 238　"拐角"选项卡

- 常规拐角用于控制拐角行为，该选项包括 4 个子选项。

绕以下对象滚动：绕拐角创建一条光顺的刀轨，但保留尖角，如图 7 - 239（a）所示。

延伸：创建延伸刀路，如图 7 - 239（b）所示。

圆形：创建圆形刀轨和拐角。具有法向角半径为 10 的倒圆拐角效果如图 7 - 239（c）所示。

　　倒斜角：创建展平的拐角，要展平的量取决于输入的值。此值表示从模型化工件的 拐角到实际切削面的距离，如图 7 - 239（d）所示。

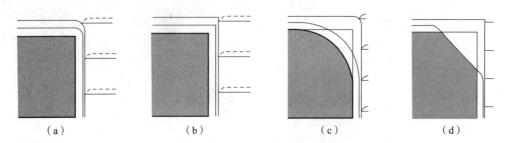

图 7 - 239　常规拐角

（a）绕以下对象滚动；（b）延伸；（c）圆形；（d）倒斜角

　　● 浅角：浅角是指夹角大于指定"最小浅角"值并小于 180°的凸角。此选项也包含 4 个子选项，如图 7 - 240 所示。

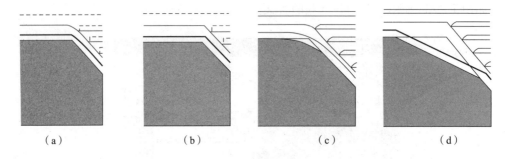

图 7 - 240　浅角

（a）绕以下对象滚动；（b）延伸；（c）圆形；（d）倒斜角

　　● 凹角：与浅角相反，是指夹角小于指定值并大于 180°的凹角。

　　（4）"轮廓类型"选项卡

　　该选项允许用户定义程序用于将轮廓单元分类的参数，它包括"面和直径范围"和"陡峭和水平范围"两个选项组。选项卡如图 7 - 241 所示。

　　"面和直径范围"选项区可定义程序用于确定曲线是否代表面或直径的最小和最大角度。

　　"陡峭和水平范围"选项区可定义程序用于确定曲线是否代表陡峭或水平区域的最小和最大角度。

　　选项卡中各选项的含义如下。

　　面范围：面范围包括"最大面角角度"和"最小面角角度"，如图 7 - 242 所示。在

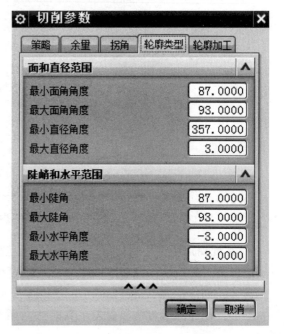

图 7 - 241　"轮廓类型"选项卡

这种情况下，最小角度和最大角度都是从中心线测量的。面的最小角度值为 70°，最大角度值为 110°，则允许各段斜率的变化量最大为 40°，直至不能包含在面的定义中为止。

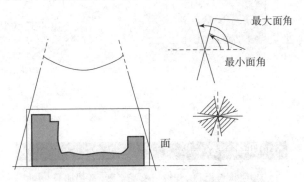

图 7-242　面范围的最大角和最小角

直径范围：定义轮廓类型的原则示例如图 7-243 所示。在此例中，直径的最小角度值为 160°，最大角度值为 200°，则考虑将相对较大的轮廓元素带宽定义为直径。

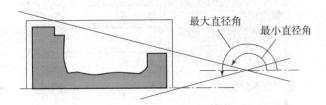

图 7-243　作为直径识别的边界区域

陡峭范围：如果是陡峭区域所分析部件倒斜角上的同一槽，则出现图 7-244 所示的状况。

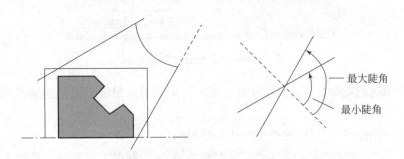

图 7-244　陡峭边界识别的区域

层范围：选定的最小层角度和最大层角度值是从通过"层角度"定义的直线自动测量的。图 7-245 所示显示一个在部件倒斜角上的槽中识别层区域的情况。

（5）"轮廓加工"选项卡

该选项卡用于设置轮廓粗加工的刀路。只有粗加工时才有此选项卡。"轮廓加工"选项卡设置如图 7-246 所示。

仅当勾选"附加轮廓加工"复选框时，才打开下面的选项设置。各选项含义如下。

● 轮廓切削区域：该选项包括"自动检测"和"与粗加工相同"。"自动检测"是指对

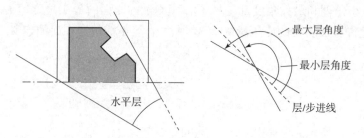

图 7 – 245　层识别的边界区域

图 7 – 246　"轮廓加工"选项卡

自动检测的区域进行轮廓加工；"与粗加工相同"是指对以粗加工刀路切削相同区域进行轮廓加工。

- 策略：切削方式。与精镗加工时的策略相同。
- 方向：根据边界方位所给定的方向控制精加工/轮廓加工刀路的（初始）切削方向。
- 切削圆角：可指定圆角与面相邻（陡峭区域），还是与直径相邻（水平区域）。
- 轮廓切削后驻留：在轮廓切削运动的每个增量处输出一个驻留命令。
- 多刀路：与"刀轨设置"选项区的"切削深度"下拉列表框中的"多个"选项相同。
- 精加工刀路：指定精加工时的切削方向，包括"保持切削方向"和"变换切削方向"两种。"保持切削方向"是指每个刀路均遵循为轮廓加工指定的切削方向；"变换切削方向"则是指刀轨会在每个刀路之后更改方向，从而使每个连续的刀路均与前一个刀路方向相反。

● 螺旋刀路：与精加工刀路相同。

6. 非切削移动

"非切削移动"参数作为车削加工的公共选项，粗加工与精加工的参数略有不同。粗加工参数比精加工的多，所以本节将以粗加工为例进行讲解。

（1）"进刀"选项卡

该选项卡控制刀具的进刀运动，有轮廓加工、毛坯加工、部件加工、安全加工和插削加工等进刀运动。

"轮廓加工"选项组中的进刀类型如下。

● 圆弧 – 自动：此方式可使刀具以圆周运动的方式逼近/离开部件/毛坯，这使刀具可以平滑地移动，并且刀具在中途无须停止运动，用户也可以自定义角度和半径。

● 线性 – 自动：该方式沿着第一刀切削的方向逼近/离开部件。

● 线性 – 增量：选择此方式，用户需输入 XC 增量和 YC 增量，来控制刀具退近或离开部件的方向。XC 增量和 YC 增量值始终是相对于 WCS 的。

● 线性：选择此方式，可在对话框下方显示的"角度"和"长度"文本框内输入值，定义退近和离开部件的方向。角度和长度值始终与 WCS 有关，程序从进刀或退刀移动的起点处开始计算这一角度。

● 线性 – 相对于切削：选择此方式，可在对话框下方显示的"角度"和"长度"文本框内输入值，以定义逼近和离开部件的方向。与"线性"方式相比，该角度为相对于邻近运动的角度。

● 点：刀具从指定点向部件直接进刀，或者从部件直接退刀至指定点。

● 延伸距离：指定在超出程序计算的初始起点或终点多远的距离开始或结束切削。

● 直接进刀到修剪点：此选项可确保进刀运动直接接触到部件表面。如果指定了余量，进刀运动可接触到加上余量的部件表面。也就是说，刀具将直接经过修剪点。

"毛坯"选项组：可控制在开始线性粗加工时向毛坯进刀。该选项组的选项设置和"轮廓加工"选项组相同。

"部件"选项组：可控制沿部件几何体进行进刀运动。通常在腔室中使用此方式。

"安全的"选项组：在仅为上一个切削层执行毛坯加工时后，防止刀具碰到切削区域的相邻部件底面，这是最后的粗加工。

"插削"选项组：可控制插削的进刀。

"初识插削"选项组：控制插削完全进入材料的进刀。

（2）"退刀"选项卡

该选项卡与"进刀"选项卡的选项设置相同。主要用于控制在完成一个轮廓加工刀路之后从部件退刀。

（3）"安全距离"选项卡

该选项卡主要用于"安全平面"和"工件安全距离"的设置。"工件安全距离"有如下用途：

①只要刀具必须移到新的切削区域或新的轮廓加工刀路，程序就会确保生成的移刀运动不与当前处理中的工件发生碰撞。对于这些移刀，可在工件安全距离参数中定义刀轨与处理

中的工件间的最小距离。程序会在这些移刀运动中区分面和直径，还会将"碰撞避让"应用于从一个粗切削进入下一个粗切削所需的那些移刀运动。

②从粗切削中退刀时，程序使用"工件安全距离"选项中输入的值。

③若切削的水平角度与某一直径对应，程序则按"径向安全距离"值从粗切削中退刀。

④若切削的水平角度与某一面对应，程序则按"轴向安全距离"值从粗切削中退刀。

⑤若切削的水平角度与某一面或直径均不对齐，程序则按"径向安全距离"值从粗切削中退刀。

（4）"逼近"选项卡

该选项卡可确定刀具逼近的方式。

（5）"离开"选项卡

该选项指定移动到"返回"点或安全平面时刀具的运动类型。其与"避让"对话框中几何体的选项设置相同，这里不再介绍。

（6）"局部返回"选项卡

"局部返回"选项卡用于指定粗切削的局部返回移动。

（7）"更多"选项卡

"更多"选项卡可控制自动避让运动并激活附加避让方法。

四、实例

下面以一个实例的粗加工来演示以上内容，如图 7-247 所示。

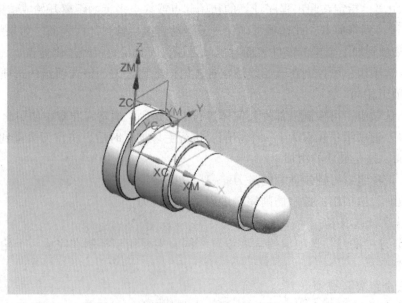

图 7-247　加工模型

工艺分析：粗车外圆→精车外圆→切槽→切断废料。

工序步骤如下。

1. 加工环境初始化

在"应用模块"选项卡中选择"加工",弹出"加工环境"对话框。在该对话框的"要创建的 CAM 设置"列表中选择 turning(车削),单击"确定"按钮,进入车削加工环境。

2. 创建刀具

单击"创建刀具"选项,弹出对话框,在对话框中选择 OD_80_L,并取名为 OD_80_L_T1,如图 7 – 248(a)所示。单击"应用"按钮,在弹出的对话框中设置参数,如图 7 – 248(b)所示,设置刀片长度为 5,其余参数保留缺省设置。同理,按此方法创建其余刀具。

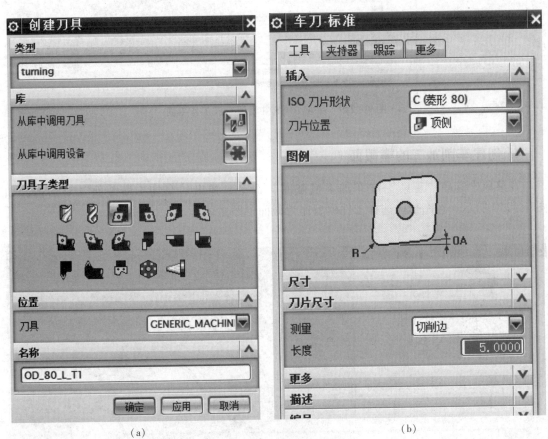

(a)   (b)

图 7 – 248 创建刀具

OD_55_L_T2:左手外圆车刀,刀尖角 55°,精车刀具。

OD_GROOVE_L_T3:左手刀片宽 4 mm、长 10 mm 的槽刀,切槽用。

OD_GROOVE_L_T4:左手刀片宽 4 mm、长 16 mm 的槽刀,切断用。

3. 编辑 MCS

将工序导航器切换为"几何"视图,双击"MCS_SPINDLE"项目,程序弹出"MCS 主轴"对话框，把加工坐标系移动至右端面的中心，设定车床的工作平面为 $ZM - XM$，如图 7 - 249 所示。

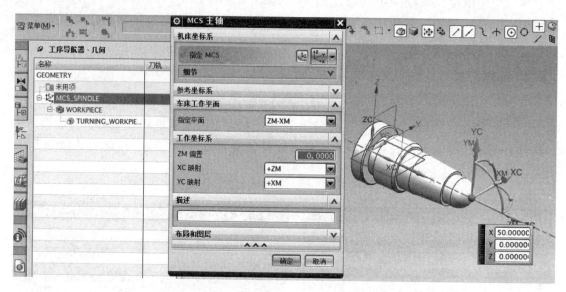

图 7 - 249　平移 MCS 并设置车床工作平面

4. 创建车削加工的横截面

在菜单中选择"工具"→"车加工横截面"命令，弹出"车加工横截面"对话框，如图 7 - 250 所示。在图形区选择工件模型作为截面参照主体。

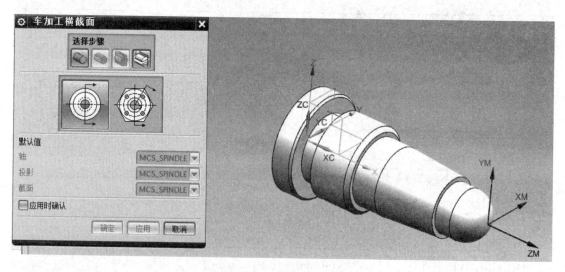

图 7 - 250　选择截面参照

单击该对话框的"剖切平面"按钮，保留默认的选项设置，单击"确定"按钮，完成车加工截面的创建，如图 7 - 251 所示。

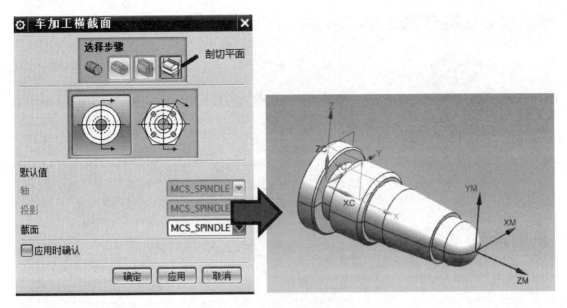

图 7 - 251   车加工横截面的创建

5. 编辑车削工件

在工序导航器中双击"TURNING_WORKPIECE"（车削工件）项目，程序弹出"车削工件"对话框，如图 7 - 252 所示。

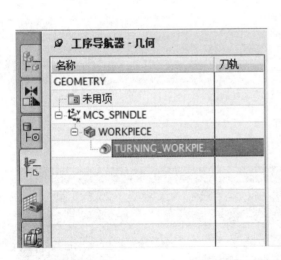

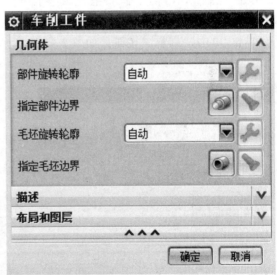

图 7 - 252   编辑车削工件

单击"选择或编辑部件边界"按钮，程序弹出"部件边界"对话框，在图形区中选择先前创建的车加工横截面作为部件边界，单击"确定"按钮，如图 7 - 253 所示。

单击"选择或编辑毛坯边界"按钮，程序弹出"选择毛坯"对话框，在该对话框中单击"棒料"按钮，毛坯长度 70、直径 25，如图 7 - 254 所示。接着单击"选择"按钮。在

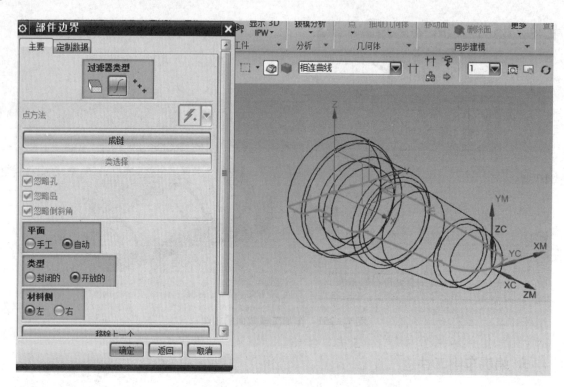

图 7 – 253　创建部件边界

弹出的"点"对话框中输入毛坯安装位置点坐标（－69，0，0），按 Enter 键确认。如图 7 – 255 所示。在图形区中选择毛坯的端面，程序自动获取端面边缘作为毛坯边界，选择完成后，单击"确定"按钮，如图 7 – 256 所示。

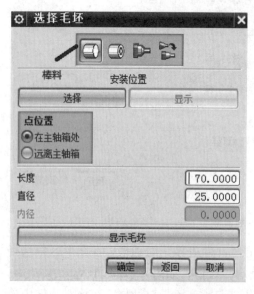

图 7 – 254　"选择毛坯"对话框

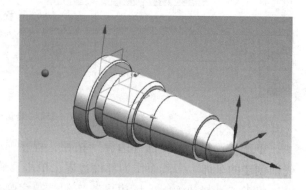

图 7 – 255　毛坯安装位置

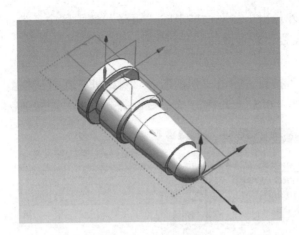

图 7 - 256　毛坯边界创建

6. 粗车外圆

单击"创建工序"按钮，程序弹出"创建工序"对话框，选择"外径粗车"工序子类型。按照图 7 - 257 所示进行设置。设置好后单击"确定"按钮。

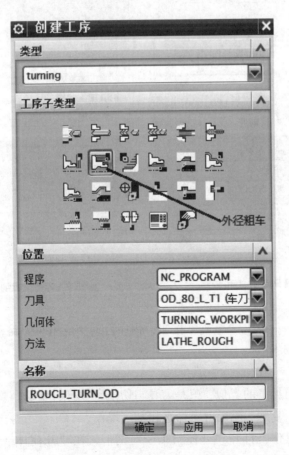

图 7 - 257　"创建工序"对话框

在随后弹出的"外径粗车"对话框中的"策略"选项区中，选择切削方式为"单向线性切削"，在"刀轨设置"选项区的"步距"中，选择"切削深度"为"恒定"，输入值为"0.5"，如图7-258所示。

单击"切削参数"按钮，弹出"切削参数"对话框，在对话框的"余量"选项卡中输入恒定的粗加工余量为"0.5"，单击"确定"按钮，如图7-259所示。

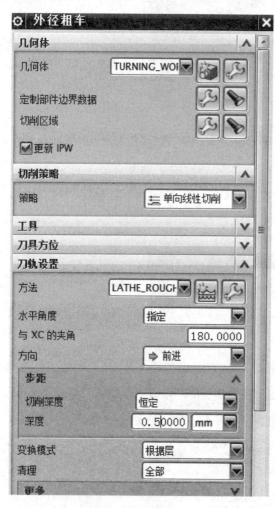

图7-258 设置切削方式和步距

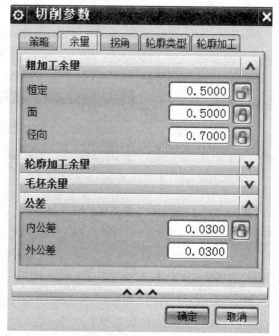

图7-259 切削参数余量设置

保留其余参数默认，单击"生成"按钮，程序自动生成粗车刀路，如图7-260按钮。

7. 精车外圆

精加工的操作与粗加工的类似，只是刀具与切削参数有所变动。

在工序导航器中，复制、粘贴并重命名粗加工操作。

双击命名后的新操作，打开"外径粗车"对话框，在"几何体"选项区中单击切削区域的"编辑"按钮，程序弹出"切削区域"对话框，在该对话框的"轴向修剪平面1"选项区中选择"点"选项，并单击下面的"点对话框"按钮。如图7-261所示。

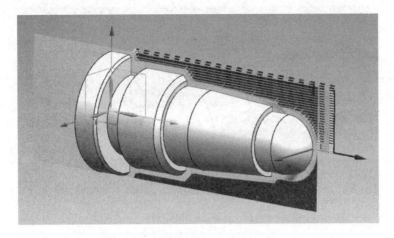

图7-260 粗车刀路

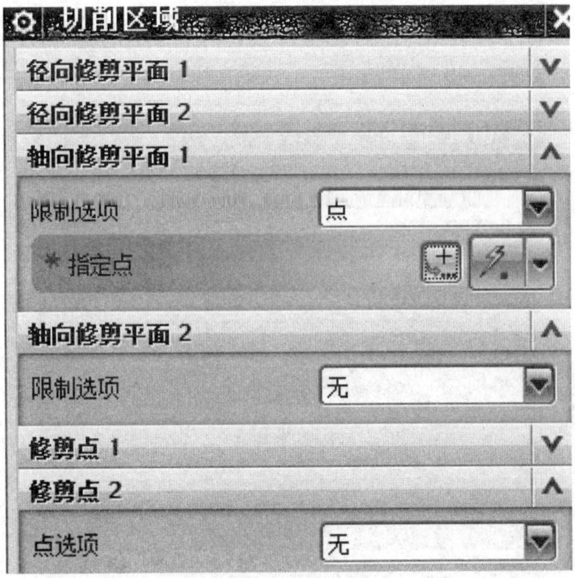

图7-261 "切削区域"对话框

在图形区中，选择圆弧的中心点作为修剪平面的参考点，并修改该点的坐标为（60，0，0）。

在"轴向修剪平面2"中选择"点"选项，再单击"点对话框"按钮，选择左端面的顶点作为参考点，修改坐标（-55，12，0）。

在"工具"选项区选择刀具为"OD_55_L_T2"。

在"刀轨设置"选项区的"方法"列表中选择"LATHE_FINISH"，将切削深度设为0.1。

单击"切削参数"按钮，在弹出的对话框的"余量"选项卡中，将粗加工余量设为0。

其余参数保持默认。单击"生成"按钮，生成精车刀路，如图7-262所示。

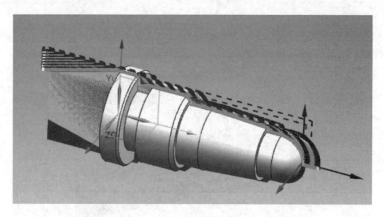

图 7 – 262　精车刀路

8. 切槽

　　单击"创建工序"按钮，弹出"创建工序"对话框。选择"外部开槽"工序子类型，按照图 7 – 263 所示进行设置。设置好后单击"确定"按钮。

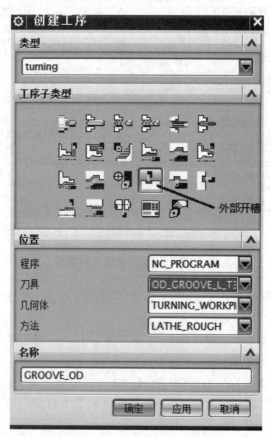

图 7 – 263　"创建工序"对话框

　　在随后弹出的"外部开槽"对话框的"几何体"选项区中单击切削区域的"编辑"按钮，程序将弹出"切削区域"对话框，在该对话框的"修剪点 1"选项区中选择"点"选项，并单击下面的"点对话框"按钮。选择修剪点 1。同理，在"修剪点 2"选项区中选择修剪点 2，如图 7 - 264 所示。

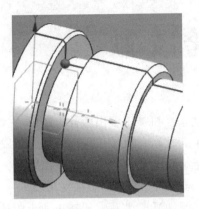

图 7 - 264　选择两个修剪点

在"刀轨设置"选项中设置切削深度为"恒定"，深度值为 5。

单击"切削参数"按钮，在弹出的对话框中，在"余量"选项卡中，将粗加工余量设为 0，其余参数保持默认。单击"生成"按钮，生成精车刀路，如图 7 - 265 所示。

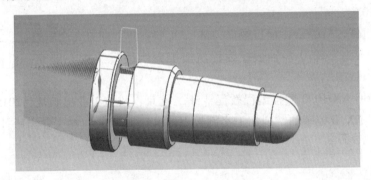

图 7 - 265　切槽刀路

9. 切断

和切槽类似，只是多了"径向修剪平面"。同学们可以自己摸索，这里不再重复。

参 考 文 献

［1］胡建生．机械制图（多学时）［M］．北京：机械工程出版社，2013.

［2］金大鹰．机械制图（机械类专业）［M］．北京：机械工程出版社，2012.

［3］钱可强．机械制图（机械类专业适用）［M］．北京：化学工业出版社，2008.

［4］王春．UG应用项目训练教程［M］．北京：高等教育出版社，2015.

［5］钟平福．UG NX 8.5 基础教程与案例精解［M］．北京：机械工业出版社，2015.

［6］张小红，等．UG NX 10.0 中文版基础教程［M］．第2版．北京：机械工业出版社，2017.

［7］邓劲莲．UG NX 项目教程［M］．北京：机械工业出版社，2020.

［8］徐家忠．UG NX 10.0 三维建模及自动编程项目教程［M］．第2版．北京：机械工业出版社，2020.

［9］李东君．机械 CAD/CAM 项目教程［M］．北京：北京理工大学出版社，2017.

［10］易良培．UG NX 10.0 多轴数控编程与加工案例教程［M］．北京：机械工业出版社，2015.

［11］展迪优．UG NX 10.0 数控编程教程［M］．北京：机械工业出版社，2015.

［12］虞俊．UG NX 数控多轴铣削加工实例教程［M］．北京：机械工业出版社，2000.